"十四五"时期国家重点出版物出版专项规划项目

水生生物

中国水利水电科普视听读丛书

中国水利水电科学研究院 组编

彭文启 主编

·北京·

内容提要

《中国水利水电科普视听读丛书》是一套全面涵盖水利水电专业、集视听读于一体的立体化科普图书，共14分册。本分册为《水生生物》，共有5章，内容分别为各种各样的水生生物、水生生物多样性的作用、水生生物多样性受到威胁、水生生物多样性保护策略、水生生物多样性保护实践。本分册采用图文并茂的形式，深入浅出地介绍了水生生物相关的科普知识，以此增强读者对水生生物的了解和认识。

本丛书可供社会大众、水利水电从业人员及院校师生阅读参考。

图书在版编目（CIP）数据

水生生物 / 彭文启主编 ; 中国水利水电科学研究院组编. -- 北京 : 中国水利水电出版社, 2022.9
（中国水利水电科普视听读丛书）
ISBN 978-7-5226-0276-9

Ⅰ. ①水… Ⅱ. ①彭… ②中… Ⅲ. ①水生生物—介绍 Ⅳ. ①Q17

中国版本图书馆CIP数据核字(2021)第257673号

审图号：GS（2021）6133号

丛书名	中国水利水电科普视听读丛书
书名	水生生物 SHUISHENG SHENGWU
作者	中国水利水电科学研究院 组编 彭文启 主编
封面设计	杨舒蕙 许红
插画创作	杨舒蕙 许红
排版设计	朱正雯 许红
出版发行	中国水利水电出版社 （北京市海淀区玉渊潭南路1号D座 100038） 网址：www.waterpub.com.cn E-mail:sales@mwr.gov.cn 电话：（010）68545888（营销中心）
经售	北京科水图书销售有限公司 电话：（010）68545874、63202643 全国各地新华书店和相关出版物销售网点
印刷	天津画中画印刷有限公司
规格	170mm×240mm 16开本 6.5印张 72千字
版次	2022年9月第1版 2022年9月第1次印刷
印数	0001—5000册
定价	48.00元

《中国水利水电科普视听读丛书》

《水生生物》

编写组

主　　编　彭文启

副 主 编　张　敏　解　莹

参　　编　渠晓东　张海萍　余　杨　葛金金

丛书策划　李亮

书籍设计　王勤熙

丛书工作组　李亮　李丽艳　王若明　芦博　李康　王勤熙　傅洁瑶　芦珊　马源廷　王学华

本册责编　李亮　傅洁瑶

序

党中央对科学普及工作高度重视。习近平总书记指出："科技创新、科学普及是实现创新发展的两翼，要把科学普及放在与科技创新同等重要的位置。"《中华人民共和国国民经济和社会发展第十四个五年规划和2035年远景目标纲要》指出，要"实施知识产权强国战略，弘扬科学精神和工匠精神，广泛开展科学普及活动，形成热爱科学、崇尚创新的社会氛围，提高全民科学素质"，这对于在新的历史起点上推动我国科学普及事业的发展意义重大。

水是生命的源泉，是人类生活、生产活动和生态环境中不可或缺的宝贵资源。水利事业随着社会生产力的发展而不断发展，是人类社会文明进步和经济发展的重要支柱。水利科学普及工作有利于提升全民水科学素质，引导公众爱水、护水、节水，支持水利事业高质量发展。

《水利部、共青团中央、中国科协关于加强水利科普工作的指导意见》明确提出，到2025年，"认定50个水利科普基地""出版20套科普丛书、音像制品""打造10个具有社会影响力的水利科普活动品牌"，强调统筹加强科普作品开发与创作，对水利科普工作提出了具体要求和落实路径。

做好水利科学普及工作是新时期水利科研单位的重要职责，是每一位水利科技工作者的重要使命。按照新时期水利科学普及工作的要求，中国水利水电科学研究院充分发挥学科齐全、资源丰富、人才聚集的优势，紧密围绕国家水安全战略和社会公众科普需求，与中国水利水电出版社联合策划出版《中国水利水电科普视听读丛书》，并在传统科普图书的基础上融入视听元素，推动水科普立体化传播。

丛书共包括14本分册，涉及节约用水、水旱灾害防御、水资源保护、水生态修复、饮用水安全、水利水电工程、水利史与水文化等各个方面。希望通过丛书的出版，科学普及水利水电专业知识，宣传水政策和水制度，加强全社会对水利水电相关知识的理解，提升公众水科学认知水平与素养，为推进水利科学普及工作做出积极贡献。

丛书编委会

2021年12月

中国水生生物多样性极为丰富，具有特有程度高、孑遗物种多等特点，在世界生物多样性中占据重要地位。江河湖泊是水生生物繁衍和生存的重要家园，节约水资源、爱护水环境、保护水生态是维系江河湖泊健康的基础。党的十八大以来，生态文明思想和“绿水青山就是金山银山”理念深入人心，中国的水生态环境持续改善，但由于人类活动和气候变化的长期影响，中国的水生生物多样性保护依然面临严峻的挑战。提高水生生物多样性是河湖生态复苏和国家“江河战略”的重要目标之一，为提高公众对于水生生物重要性的认识，号召全社会参与水生生物多样性保护，特编写本分册，旨在向社会大众普及水生生物的基础知识，介绍正确的水生生物多样性保护理念和方法。

本分册共分五章：第一章介绍了水生生物的概念、分类和重要性等内容；第二章介绍了全球水生生物资源的变化及中国重要水生生物的现状；第三章从过度捕捞、环境污染、生态损害等方面讲述人类活动给水生生物带来的影响；第四章描述了水生生物多样性的保护策略及主要的保护方法等；第五章介绍了自古以来中国在水生生物保护方面的行动及当前保护的一些案例。

参与本分册编写的人员及其分工如下：

第一章由张敏负责编写；第二章由解莹负责编写；第三章由张海萍负责编写；第四章由余杨负责编写；第五章由葛金金负责编写。全分册由彭文启、渠晓东统稿。

在本分册编写过程中参考了有关文献资料，也得到了许多专家、学者和同行的帮助，在此一并表示感谢。

由于作者水平有限，分册中难免有疏漏或错误之处，敬请广大读者批评指正！

编者

2022 年 6 月

目 录

◆ 第三章 因何而殇

◆ 第四章 保护策略

◆ 第五章 保护行动

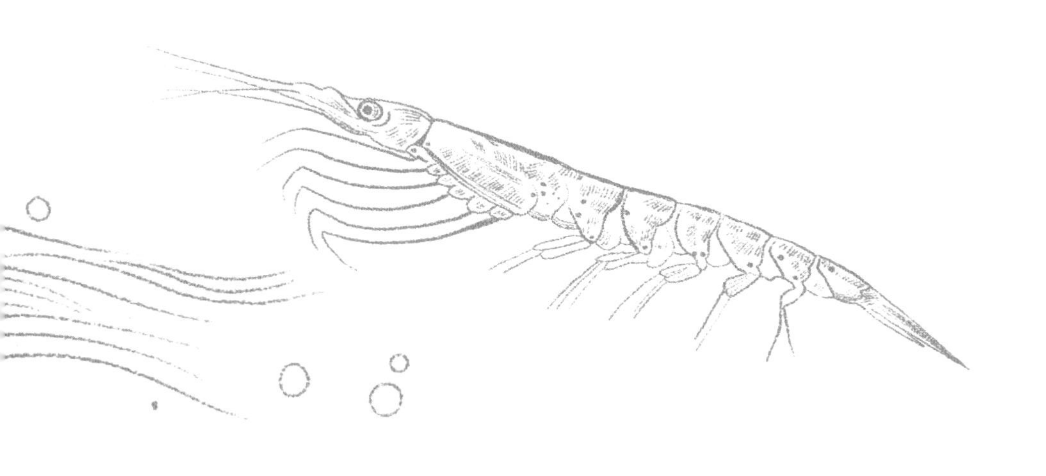

第一章 水生万物

◎ 第一节 水中生命

▲ 软体动物——河蚬

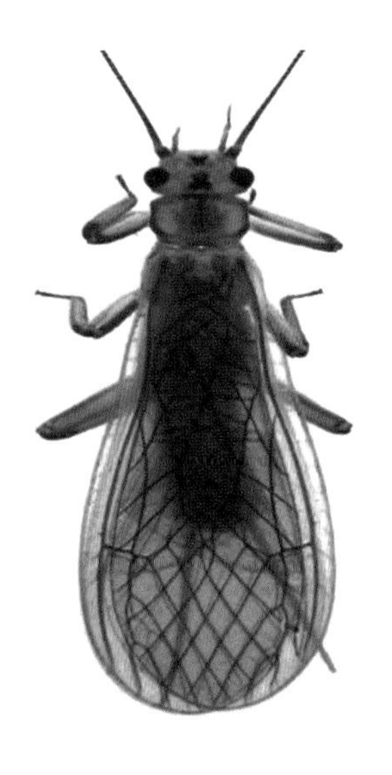

▲ 水生昆虫——石蝇

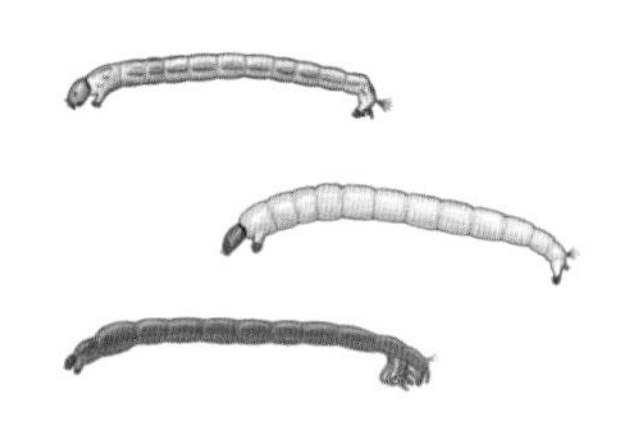

▲ 水生昆虫——摇蚊幼虫

水生生物是生活在各类水体中的生物的总称。水生生物种类繁多，包括浮游植物、附着藻类、大型水生植物、浮游动物、底栖动物、鱼类以及一些水生哺乳动物（如鲸类），等等。水生生物的生活方式具有多样性，有漂浮、浮游、固着和穴居等。水生生物中有的适于淡水中生活，有的则适于海水中生活。本书将介绍部分重要的淡水水生生物。

水生生物的定义，是指生命周期的绝大部分时间都在水里的生物。但并不是所有的水生生物一辈子都生活在水中，有些昆虫幼年时期生活在水中，而成年后便脱离水体，到陆地上生活，例如水生昆虫中的摇蚊；可能很多人会感到惊讶，蜻蜓也是水生生物，而且还是水生昆虫中的一个大类，后面将会详细介绍。

大部分水生生物与我们的生活是息息相关的，例如鱼类可为人类食用，但有些只是在生态系统中发挥着自己维持生态平衡的独特作用，它们都是大自然的一分子，都提供着自己的生态服务功能。

◎ 第二节　万物相连

水生生物分类较多，我们可以从水生生物食物链中更清晰地区分各类水生生物在水体中所处的位置。

一、能量的生产者

食物链，顾名思义就是捕食食物所形成的链条，是指生产者所固定的能量和物质，通过一系列捕食和被捕食的关系进而在生态系统中传递。各种生物按捕食和被捕食的关系形成的链状结构称为食物链。“大鱼吃小鱼，小鱼吃虾米”说的就是这个道理。许多食物链合在一起，就形成了食物网。

处于食物链最底端的，我们称之为初级生产者，是整个生态系统中能量的来源，也就是食物的供给者，包括岸边和水体中生活的大型水生植物、体积较小的浮游植物等。这些初级生产者通过光合作用，将能量储存在体内，然后通过食物链传递给其他生物，保障整个生态系统的能量供给。水生生物中的初级生产者主要包括大型水生植物、浮游植物和附着藻类。

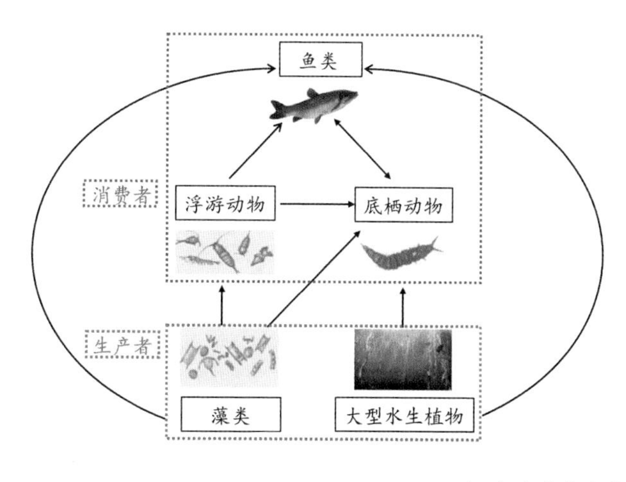

▲ 水生生物食物链

1. 大型水生植物

大型水生植物，我们平时称之为水草，这个“大型”是相对于浮游植物等微型生物而言的，它是人们最为熟悉的一类初级生产者，例如岸边的芦苇、香蒲、菖蒲，以及挺立于水中生长的荷花等。此外，还有一部分植物在整个生命周期的大部分时间都处于水体的底部，我们称之为沉水植物，例如狐尾藻、菹草、苦草、金鱼藻等。这些植物可以吸收水体中的氮、磷等营养物质，从一定程度上起到净化水体的作用，所以经常被用于水体的生态修复。许多河流生态修复工程中的生态浮床，都有用到挺水植物和沉水植物。

▲ 生态浮床

生活中总可以看到水草，但水草不是在所有的环境中都能生存的，尤其是生存在水下的沉水植物，其对水深以及水体透明度有一定的要求。因为植物生长需要进行光合作用，光必须透过水体到达沉水植物所在的深度，才能保证光合作用的进行。水体透明度越高，光可以到达的地方越远，沉水植物能生长得越深。太深或者太浑浊的水体，都无法满足沉水植物的生长条件。

除此之外，这些植物对于水体中氮、磷含量也是有要求的。植物生长要吸收一定的氮、磷元素，但含量过高会对植物生长产生毒性。有研究表明，氨氮含量在 1 毫克 / 升以下会促进金鱼藻生长，到达 5 毫克 / 升则开始抑制其生长；当水体总氮浓度高于 3 毫克 / 升时，狐尾藻生长则会受到抑制。所以，种植大型水生植物可以进行水体净化，但并非所有

小贴士

生态浮床

生态浮床又称生态浮岛、人工浮床，是生态修复中常用的一种方式。主要是针对富营养化的水体，运用无土栽培技术原理，以水生植物为主体，以一定的结构将植物种植在水面上，利用植物根系吸收水体中的营养物质，例如总磷、总氮等，达到削减水体中的污染负荷、净化水质的目的。

的污水都能通过植物进行净化。

2. 浮游植物

浮游植物也称为浮游藻类，它们与人类的生活联系非常密切，只是许多人不了解其科学名称。“水华”和“赤潮”在近年来的新闻中经常出现，其实是由于浮游藻类短时间内大规模繁殖而造成水体恶化的一种生态灾害。在淡水水体中一般称之为水华，而在海洋中，由于植物种类不同，水体通常呈现为红色，所以称之为赤潮。

水华暴发通常会对水体有比较严重的影响。一方面，浮游植物大量聚集覆盖在水表面，会造成水体缺氧，水体中的大量动物会因为缺氧而死，而水体也会因为缺氧而发臭；另一方面，有一部分浮游藻类会释放有毒的藻毒素，例如铜绿微囊藻，如果人们饮用了这种水，甚至可能会对肝脏等器官造成影响。

2007 年太湖蓝藻水华事件，对人们的饮用水源产生了较为严重的影响。当时无锡全城自来水受到污染，导致生活用水严重短缺。造成这个事件的主要原因是水源地附近蓝藻大量聚集堆积使水体缺氧，在这个过程中还产生了大量的氨气、硫醇、硫醚以及硫化氢等异味物质，危害较大。

水华的治理在全世界范围内都是个难题，因为水华的暴发机理至今还难以阐述清楚。许多区域通过调控水体流动特征、打捞、机械杀藻等方式进行治理，但治标不治本，也只能解决燃眉之急。

▲ 水华暴发

▲ 2007 年太湖蓝藻水华

蓝藻又称为蓝细菌，是一类非常古老的物种。蓝藻分布非常广泛，不仅存在于水体、土壤中，甚至在岩石表面和其他恶劣环境（高温、低温、盐湖、荒漠和冰原等）中都能找到它们的踪迹，有着“先锋生物”的美称。但有些蓝藻的危害较大，如铜绿微囊藻就可以释放藻毒素，对人体健康有较大危害。所以，减少污水排放，禁止企业偷排漏排，不仅仅是为了保护环境，最终也是为了保护人类自身的健康。

虽然藻类聚集在一起形成水华后的照片并不好看，但藻类本身还是很美丽的。下面列举了显微镜下不同的藻细胞影像。可以通过判别藻类不同的形态特征，来确定它们的种类。

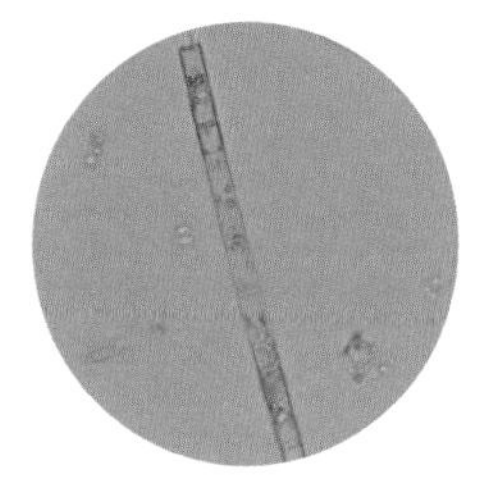

（a）颗粒直链藻

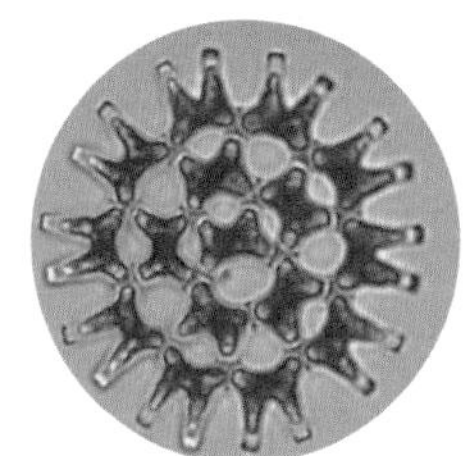

（b）二角盘星藻

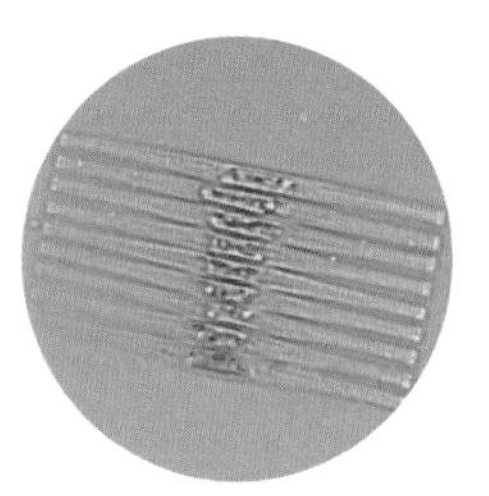

（c）克洛脆杆藻

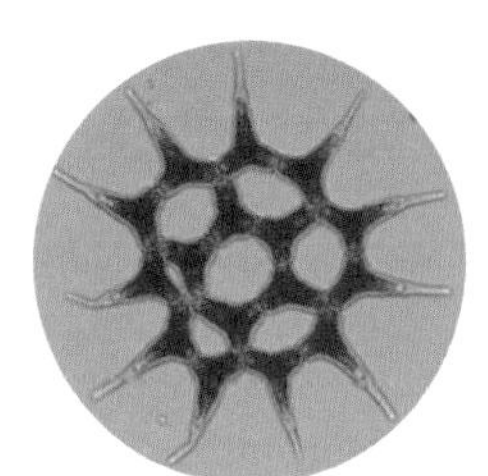

（d）单角盘星藻

▲ 显微镜 400 倍放大下的藻类影像

3. 附着藻类

附着藻类，顾名思义，是指附着在石块或者其他植物体上的藻类。这种藻类是河流中主要的能量来源，但与人们的生活直接联系并不多，在此不多做介绍。

二、能量的消费者

植物作为“生产者”能够通过光合作用产生能量，并作为下一层级（营养级）的食物把能量传递出去。

能量通过食物链传递，为其他生物提供了赖以生存的有机物质。除“生产者”之外的生物，都属于“消费者”。

消费者又分为初级消费者和次级消费者。初级消费者，也就是直接以植物为食的生物，即植食生物。次级消费者则不是直接以植物为食，属于食肉动物，它们以植食生物或者其他肉食动物为饵料。换句话来说，就是次级消费者以初级消费者为食。

1. 浮游动物

有一部分动物是浮游在水体中的，我们称之为浮游动物。浮游动物非常小，与浮游藻类一样需要通过显微镜才能观察到。一些以藻类为食的浮游动物就是初级消费者。有的鱼类会吃掉这些浮游动物，这些鱼类就是次级消费者。科学家利用它们的捕食关系来调控生态系统、预防生态灾害的发生。例如，科学家通过把鱼类投入水体并进行鱼类数量的精确配比，达到治理水华暴发的目的。比如著名的“鲢鳙控藻理论”，就是基于鲢鱼和鳙鱼可以滤食藻类和浮游动物，而浮游动物可以滤食藻类的原理，通过生态的方式对藻类水华进行控制。

浮游动物主要分为四类，原生动物、轮虫、枝角类和桡足类。这四个类群个体大小存在差异，在监测方法上也存在一定的区别。

显微镜下的浮游动物有着非常有趣的形态特点，如龟甲轮虫属的物种，一般都有龟甲似的外观，而车轮虫就因周边的鞭毛形似车轮而得名。

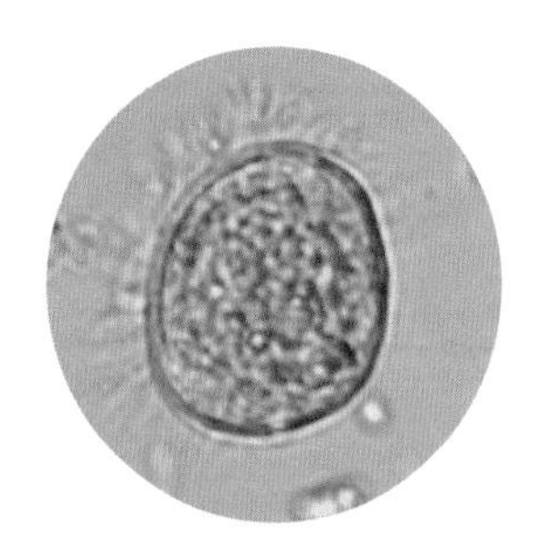
（a）车轮虫

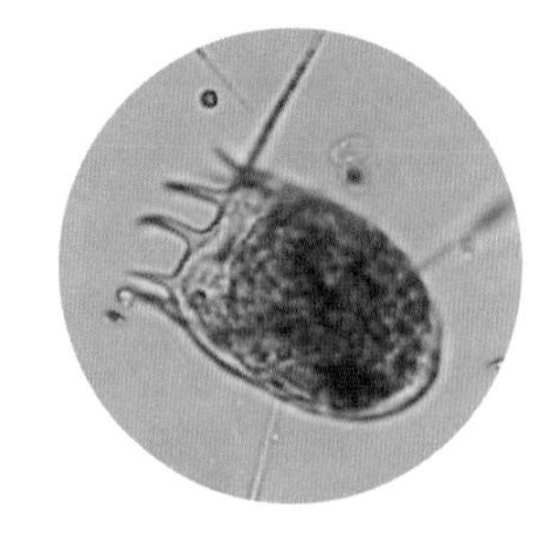
（b）螺形龟甲轮虫

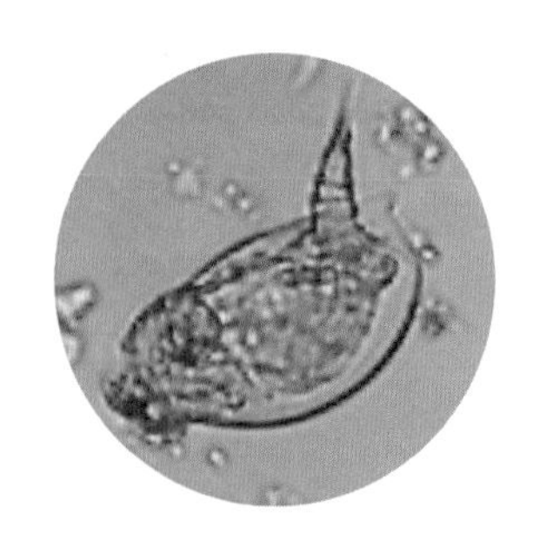
（c）钩状狭甲轮虫

▲ 显微镜400倍放大下的浮游动物

2. 底栖动物

底栖动物，是指生活史的全部或大部分都处于水底的无脊椎动物。依据个体的大小，可以分为大型底栖动物、中型底栖动物和小型底栖动物。一般而言，狭义上的底栖动物多指大型底栖无脊椎动物，简称“大型底栖动物”。

部分底栖动物喜欢刮食石块上附着的藻类，这部分底栖动物就是初级消费者。吃掉这些底栖动物的鱼类就是次级消费者；进一步吃掉这部分鱼类的，也是次级消费者。

底栖动物在整个生活史中不一定一直待在水底，有些底栖动物在成长到一定的阶段，身体便会发生变化。例如摇蚊幼虫，长大之后会发生羽化过程，变成人们所熟知的“蚊子”飞到水体之外。这就是有水的地方“蚊子”会比较多的原因。但此蚊非彼蚊，摇蚊并不吸血，它以吸食植物的汁液为主，但在某些地区摇蚊羽化期一到，会出现非常密集的摇蚊群，会对人们的生活产生一定的影响。

被许多人尤其是垂钓者所熟知的“红虫”就是摇蚊幼虫，但并不是所有的摇蚊都是红色的，只有一部分摇蚊如多足摇蚊属的活体呈现为红色，而摇蚊属和前突摇蚊属则呈白色或透明。

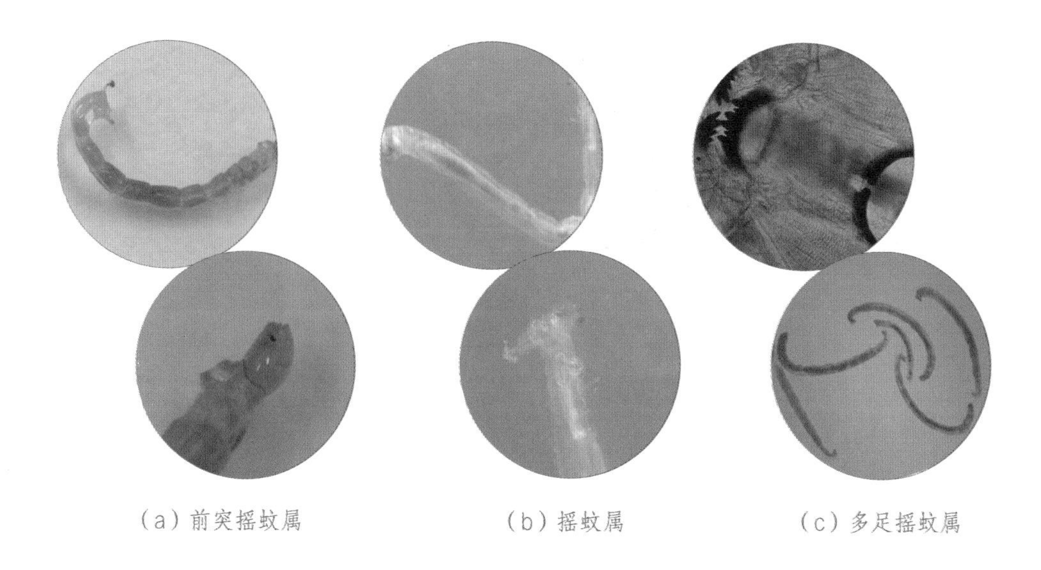

(a) 前突摇蚊属　　(b) 摇蚊属　　(c) 多足摇蚊属

▲ 显微镜下的底栖动物

寡毛纲也是底栖动物中一个重要的类群，尤其在湖泊水库这类静水水体中的底栖动物一般以寡毛类为主。寡毛纲的种类丰富，共有约 8000 个物种，其中水栖寡毛类大约有 1700 种。水栖寡毛类主要由单向蚓目、颤蚓目、带丝蚓目和蛭蚓目等组成。寡毛纲为雌雄同体类型，其中，常见的仙女虫科和部分颤蚓科的生殖方式为无性生殖，例如水蚯蚓的生殖方式为分裂生殖。

寡毛纲有一个重要的类群 —— 仙女虫科，因其外形而得此名。部分仙女虫科具有清晰的紫色眼点，在显微镜下非常美丽。有一类仙女虫因体态较胖被命名为肥满仙女虫，广泛分布于河南、安徽、湖北、湖南、西藏、贵州等地的淡水中。在三峡水库蓄水后，蓄水段的长江干流区域经常采集到肥满仙女虫，其中每年 4 月数量最多。仙女虫科属于典型的 r 对策者生物，其具有较高的繁殖能力，因此往往能成为该区域的优势类群。

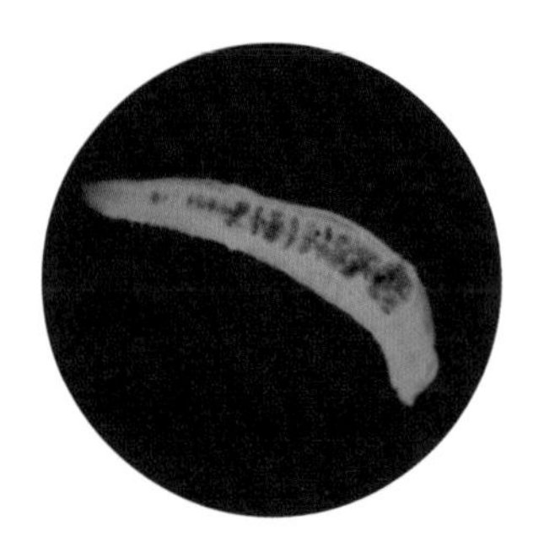
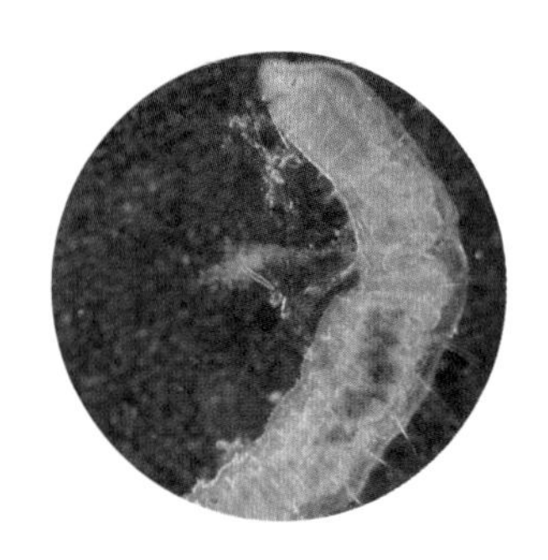

▲ 在显微镜下放大 400 倍的仙女虫科肥满仙女虫

知识拓展

r 对策者和 k 对策者

在长期的进化过程中，生物逐渐形成了其对环境适应的生态对策。按照栖息地和生命参数的特点，生物可分为 r 对策者和 k 对策者。

r 对策者一般具有使种群增长率最大化的特征，比如具有高生育率、发育快速、寿命较短的特点。因此，r 对策者虽然死亡率较高，但由于其繁殖能力较强且发育较快，在遇到不利的环境后，可以使得种群能得到迅速恢复，从而达到种群维持的目的。

k 对策者则刚好相反，其个体较大、寿命较长、存活率较高、生育率较低，对这种生育率较低的物种，只有具有较高的存活率，才能保证种群的延续。比如大熊猫、虎等都是 k 对策者。所以假如 k 对策者遇到不利环境导致死亡过多的情况下，是较难恢复的，灭绝的风险较 r 对策者要高很多。

当然，物种的鉴定不仅仅是看外观，还有许多形态学上的特征。比如寡毛纲的鉴定特征中就包括背部刚毛（显微镜下看到的背部的毛）有几根、从身体的第几节开始的、有没有发丝状的（发状刚毛）、有没有针状的（针状刚毛）、刚毛末端是否开叉、腹部有没有刚毛、腹部刚毛有几根等等形态学的特征，都是在一次次的鉴定后才能确定物种，尤其是有些特征需要在显微镜下放大1000倍的条件下才能看到。有些虫子跟人腿部的汗毛差不多长，有些甚至还没人类的汗毛长。鉴定者还要观察虫子身上非常短小的毛，看这些短毛的尖端是不是像头发一样分叉了，分叉的形状又是怎么样的，这些都是形态学上的分类特征，所以生物分类学家的工作非常艰辛。

在开篇中提到的蜻蜓属于底栖动物中的一个大类，这个大类隶属于节肢动物门的昆虫纲蜻蜓目。蜻蜓将卵产于水中，其稚虫便是水生生物中的蜻蜓稚虫。蜻蜓目可以分为三个亚目：均翅亚目（束翅亚目）统称蟌，俗称豆娘。差翅亚目俗称蜻蜓，还包括蜻总科、蜓总科和大蜓总科3个总科。间翅亚目，特征介于均翅亚目与差翅亚目之间，体形似差翅亚目，脉序似均翅亚目。

▲ 蜻蜓稚虫（施春蜓属）

蜻蜓稚虫属于肉食性动物，喜欢吃小型的水生昆虫。大一点的蜻蜓稚虫还可以捕食蝌蚪、小鱼，饥饿难耐的时候，路过它身边的所有比它小的水生生物都可能会成为它的美食，属于一种凶猛的水生昆虫。大多数蜻蜓在夜晚羽化，少部分蜻蜓成员在清晨羽化，这样可以避免白天一些其他生物的攻击，也可以避免阳光照射对新生翅膀的不利影响。羽化后的蜻蜓成虫，其本能（由体内的荷尔蒙决定）促使它们离开生活了很久的水体。

▲ 蜻蜓成虫（异色多纹蜻）

3. 鱼类

鱼类是人们很熟悉的水生生物，它们是最古老的脊椎动物，伴随着人类走过了五千多年的历程，是人类重要的食物之一，也是重要的观赏型动物。

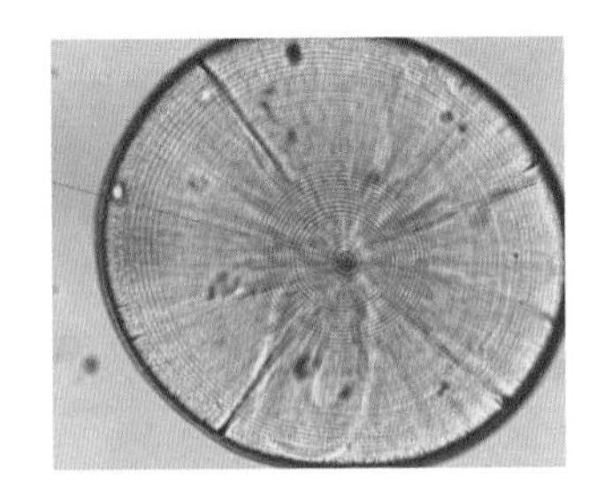

▲ 在显微镜下放大 40 倍的银鱼耳石日轮

鱼类有着许多类群，包括圆口纲、软骨鱼纲和硬骨鱼纲三大类群，包含 3 万多个种类。许多我们平常以为是鱼类的物种其实并非鱼类，例如鲸鱼、大鲵（娃娃鱼）、章鱼、鱿鱼、江豚、白鳖豚等都不是鱼类。

科学研究发现，鱼类虽然没有长耳朵，但鱼的听力是非常好的，这主要得益于鱼的内耳里有许多管道状的结构，可以接收声音的脉冲然后传递给大脑从而听到声音。耳石是听觉系统的一个部分，有趣的是，耳石还是判断鱼类年龄的重要途径。像树木的年轮一样，耳石也会有轮状形成，分为耳石日轮和耳石年轮，在显微镜下便可发现像树木年轮一样形状的耳石。许多鱼类的耳石日轮每天形成一圈，但也受到光周期、温度、营养等环境因子的影响。

（a）草鱼

（b）青鱼

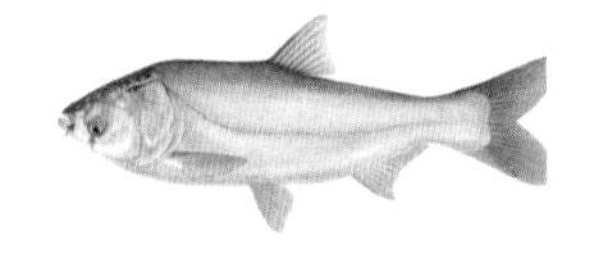

（c）鲢鱼

（d）鳙鱼

▲ 四大家鱼

青鱼、草鱼、鲢鱼、鳙鱼，是中国传统的四大淡水养殖鱼类，被称为“四大家鱼”。其中草鱼、鲢鱼是大家最为熟悉的，日常生活中食用较多，但由于青鱼主要分布在长江以南地区，因此不如草鱼、鲢鱼更为人们所知。

青鱼属于生活在水底层的鱼类，通常不游到水的中、上层，而是集中在江河湾道、湖泊等易于捕食底栖动物的地带。青鱼在不同的生长期对食物有不同的需求，如青鱼鱼苗主要以摄食浮游动物为主，幼鱼阶段以摄食蜻蜓稚虫、摇蚊幼虫等底栖动物为主。

鳙鱼也叫花鲢、胖头鱼，与鲢鱼（又称白鲢）

同属于鲤科鱼，但二者在形态上存在一定的差异。花鲢的头部较大，约占体长的三分之一，白鲢的头部较小，约占体长的四分之一。花鲢主要以浮游动物中的轮虫、枝角类和桡足类为食，也吃一部分浮游植物，是典型的以浮游生物为食的鱼类。因其滤食水体的行为而被称为“水中清道夫”。

“江河产卵，湖泊育肥”是许多鱼类的生长方式，因此江湖水系连通是保障鱼类有充足栖息地的首要条件。以有“千湖之省”之称的湖北为例，湖北历史上有许多通江湖泊，这些与长江相连的湖泊是许多鱼类产卵和育肥的地方。但后来由于填埋或建设等原因阻断了其与江河的自然连通状态，限制了鱼类的生活，导致鱼类数量急剧下降。近几年开展生态修复之后，恢复江湖连通成为许多地方改善鱼类栖息生境的重要措施，对鱼类资源量的改善起到了重要作用。

我们通常所知的是“鱼儿离不开水”，但有一部分鱼离开水后很长时间都不会死，例如肺鱼。这种鱼被称为“会呼吸的鱼”，主要生活在非洲、澳大利亚和南美洲的亚热带气候区（主要在亚马孙流域）。非洲肺鱼是最广为人知的一种肺鱼，它们在河流干涸后好几个月都可以生存，一般在旱季来临时，这些肺鱼钻进泥里把自己包裹起来，只留一个气孔与外界相连进行呼吸，而呼吸的器官就是它的肺。非洲肺鱼、南美洲肺鱼和澳洲肺鱼存在明显不同的是，非洲肺鱼和南美洲肺鱼都有一对肺，而澳洲肺鱼只有单片肺。但无论一片还是两片肺，都不影响其在无水状态下的呼吸。

▲ 非洲肺鱼

肺鱼的发现，在物种进化的研究中有着重要的意义，它可能是水中的鱼类向两栖类进化的过渡。在软组织的构造、发育、生理和行为方面有许多性状与现生两栖类接近而不同于其他现生的鱼类。当然，更详细、更可靠的进化过程需要更多的科学研究来支撑。

◎ 第三节 小生物 大作用

一、水生生物的重要性

水生生物是水生态系统持续健康运行的基础，不仅为社会提供丰富优质动物蛋白的水产品，还担负着改善生态环境质量、提供良好人居环境的重要生态保障功能。水生生物与环境之间相互影响、相互制约，并在一定时期内处于相对稳定的动态平衡状态，人类对生物与环境的伤害必将会反过来伤及人类自身。以水生生物为主体的水生态系统是维系自然界物质循环、净化水域生态环境的重要有机组成部分，没有水生生物的水则是“一潭死水”。那么不同水生生物在水生态系统的作用又是什么呢？

浮游植物、附着藻类、大型水生植物处于食物链的最底层，是水域生态系统中的初级生产者，其种群结构和群落组成的变动，通过食物链的传递，会直接影响其他水生生物类群，进而影响到生态系统的结构和功能。浮游植物的时空变化特征直接反映环境因子的变化，如在新闻报道中看到的藻华暴发、水葫芦泛滥现象就是因为水体中的氮磷含量过高造成的。

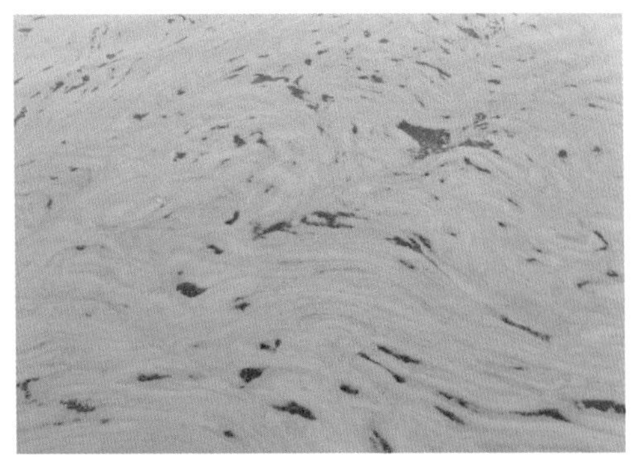
▲ 藻华暴发

浮游动物是水生生态系统的初级消费者，主要以浮游植物和一些碎屑为食。同时，它又是水生态系统的次级生产者，作为鱼虾的天然饵料，其种类组成和数量变化将直接影响区域内的渔业资源量。此外，浮游动物还有一个重要的作用，那就是可作为水体污染的指示生物，例如，在富营养化水体中，裸腹溞、剑水蚤、臂尾轮虫的相对占比会增加。还有一些类群，如梨形四膜虫、大型溞则经常在毒性毒理试验中被用作实验动物。如果在水体中检测到这些水生生物数量急剧增加则可说明水体已经变得“不健康”了。

▲ 水葫芦泛滥

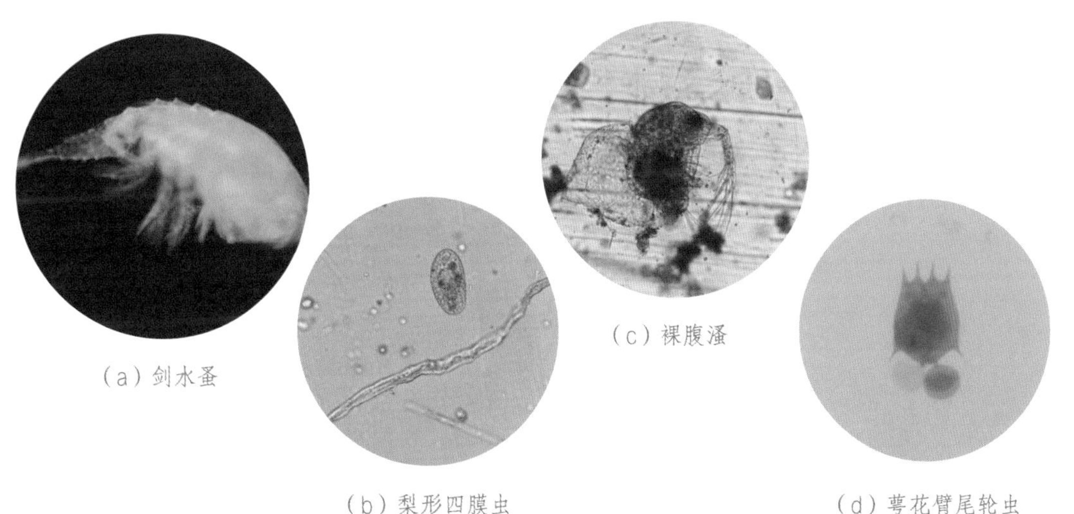
(a) 剑水蚤

(b) 梨形四膜虫

(c) 裸腹溞

(d) 萼花臂尾轮虫

▲ 显微镜 400 倍放大下的浮游动物

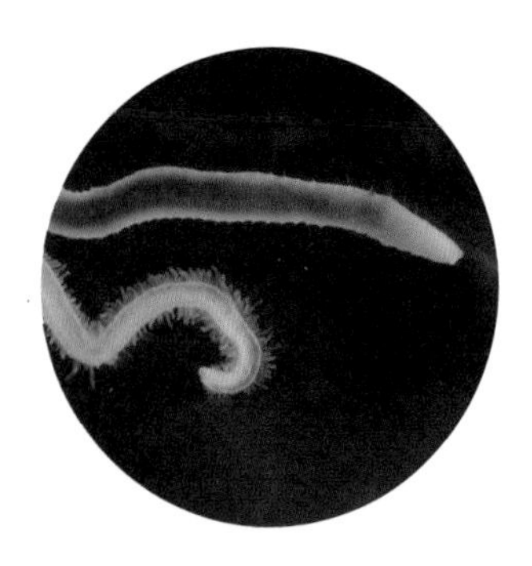

▲ 显微镜 400 倍放大下的苏氏尾鳃蚓

在水生态系统中，底栖动物位于食物链的中间环节，在能量的传递及物质的传输过程中发挥着重要作用。还有一部分底栖动物以水底的碎屑为食，可有效分解沉积物中的有机物质，在重要营养物质（如氮、磷）的循环过程发挥着举足轻重的作用。底栖动物类群较多，且不同类群对水质污染、栖息地破坏等方面的响应有所差异，因而经常被用来指示环境变化因子。例如，颤蚓科的霍甫水丝蚓、苏氏尾鳃蚓都是耐污程度较高的类群，可用来指示水体和底泥污染程度。有些底栖动物的生活史并不是全部在水中完成，例如摇蚊，其羽化后会飞出水面到陆地上生活，摇蚊幼虫摄食底泥中的碎屑，在羽化为成虫后会将营养物质带离水体，因此有专家建议使用摇蚊来进行湖泊富营养化的治理，通过它们去除水体中的氮、磷。

鱼类处于水生态系统食物链的顶端，其群落组成、物种数量等对低营养级的水生生物具有极大影响，对水生态系统稳定性的维系十分关键。许多鱼类对环境变化十分敏感，其群落结构的变化可反应生境的质量，以及生态系统的总体状况。例如，对水质较为敏感的物种在水质污染后其数量可能会下降，甚至消失；以喜欢流水的物种为主的群落，若在其生存的河段修建水坝从而导致水流变缓，可能会使这种物种消失，而喜欢静水的物种却会增加。因此，鱼类经常在生态学研究及生态修复中作为指示物种，例如在莱茵河的治理中，将鲑鱼重新回到莱茵河并在上游形成产卵地作为莱茵河治理成效的指示因子。

二、水生生物的生态功能

1. 为人类提供食物

水体中能作为人类食物的主要是一些鱼、虾、贝类等水产品。维持良好生态服务功能的水体，一般都可以产出上述水产品，但如果生态系统遭到破坏，例如水质污染、挖沙、水体干涸则会使生态系统的结构遭到破坏，从而影响其功能的发挥，也就无法再提供这些优质的水产品。

2. 净化水质

水生植物进行光合作用时，能吸收环境中的二氧化碳、释放出氧气，在固碳释氧的同时，水生植物还会吸收水体中许多有害元素，从而消除污染、净化水质，改善水体质量，恢复水体生态功能。如芦苇除具有净化水中的悬浮物、氯化物、有机氮、硫酸盐的能力外，还能吸收其中的汞和铅等有害元素。凤眼莲繁殖快，耐污能力强，对氮、磷、钾元素及重金属离子等均有吸收作用。

合理配置水生植物可有效净化水质，减少水中污染物，维持水体生态平衡。

3. 指示污染

许多水生生物都可以对水体和底泥的污染程度起到指示作用，例如，不同种类的底栖动物对于不同程度的污染具有不同的反应，有些底栖动物只适合生存在水质清洁、生境条件较好的区域。国际上常根据蜉蝣目（Ephemeroptera）、襀翅目（Plecoptera）和毛翅目（Trichoptera）的物种丰富度（简称 EPT 指数）来反映水环境的污染状况。

有一些类群则对环境的耐受程度大一些，例如主要在湖泊水库等深水中出现的颤蚓科，也会在污染较重的河流作为优势物种出现。颤蚓科对环境具有较好的指示作用，其作为一个区域内较为优势的类群出现，表明该区域内的底质存在较重的有机污染。其中，以霍甫水丝蚓、正颤蚓和苏氏尾鳃蚓为代表类型。

4. 分解垃圾

在水体中的分解者都是异养型生物，也就是不能自己产生能量的生物，如细菌、真菌、放线菌及原生动物和一些小型无脊椎动物（主要是底栖动物）。它们分解生物死体和排泄物，让这些物质再变成简单的无机物质，如氨氮等元素供植物生长再次利用从而再进入支撑生命成长的物质循环。

5. 美化景观

园林美学价值的表现离不开水生观赏植物的陪衬，必要的水体建设和水景营造越来越不可或缺，可以起到美化风景作用的主要是大型水生植物，大型水生植物是公园湿地营造的重要材料，它们具有水质净化功能，布置在湿地公园等景观水体区域更具双重功效。

▲ 人工湿地

6. 保持生态系统稳定

生物的种类越多，可以发挥的生态系统功能越全，对整个水生态系统是有利的。虽然有些不同的种类发挥着相同的生态功能，但当生态系统受到外力的冲击时，不同的生物抵抗力不同，有的生物会在外力冲击下死掉，有的生物则可能在这个冲击中活下来，继续发挥作用，这就保证了整个生态系统有条不紊地运行。如果存在的生物种类非常少，在外力冲击下，提供某个功能的物种全都死掉，那么接下来在生态系统中就没有能发挥这个功能的物种。缺少部分功能的生态系统还能维持服务，而当外界的冲击次数增加，死去的物种占整个生态系统的比例越来越高，生态系统中就会有越来越多的功能没法发挥，最终导致生态系统崩溃。

举个例子，一片秀美的湖泊，不但可以提供饮用水，还可以提供鱼、虾、蟹等水产品。但后来污

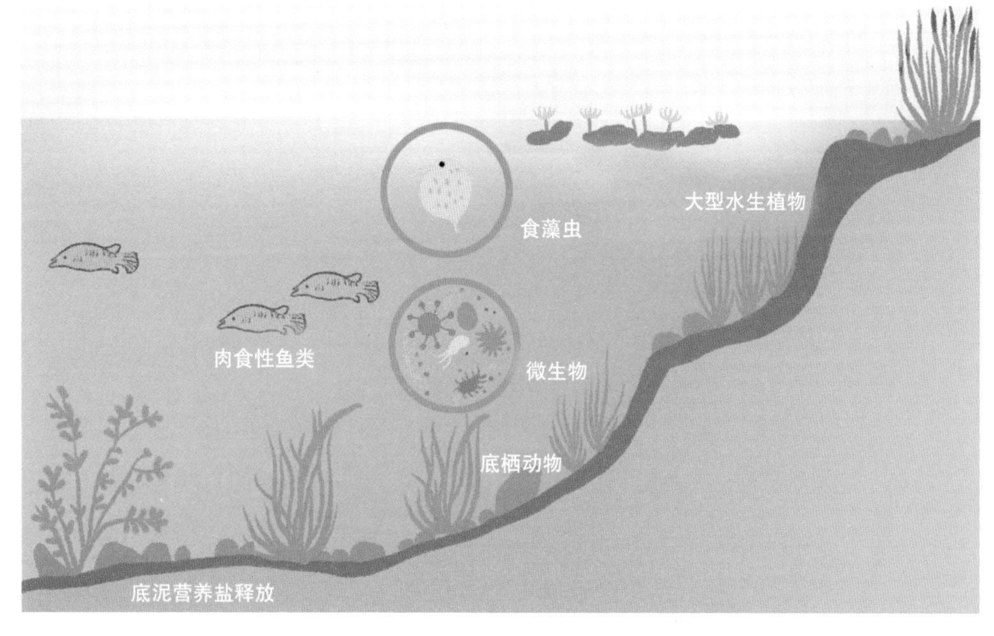

▲ 健康的水生态系统保证水体自净功能

水开始排入，初期死亡一两个物种，还有其他物种的存在，不影响生态系统的净化功能，也不影响氮磷等物质的分解、循环，湖泊系统可维持运行。当污水继续排入，污染物的排放量超过了湖泊能容纳的污染物总量，死亡的物种越来越多，吸收氮、磷元素的大型水生植物不能生存了，吃掉有害藻类的鱼类不能生存了，分解动植物尸体、粪便、碎屑的分解者也不能生存了，水体净化功能消失，水体发臭。这时候湖泊可能就变成了一潭发臭的死水，不仅不能提供生态系统服务，还会因散发恶臭、水体有毒而影响人类的身心健康。至此，这个湖泊生态系统彻底崩溃。这就是外界干扰所导致的生物多样性丧失带来的生态系统损害。所以，维持水生生物的多样性，是维系生态系统各项功能的基础，是维系人类赖以生存的环境的必要措施。

第二章 宝贵资源

◎ 第一节 多样的生物在消亡

与其他生态系统相比，淡水环境中的物种多样性相对不成比例。淡水仅覆盖了地球表面 0.8% 的面积，但淡水系统所养育的物种却远远高于这个比例，目前已知的物种大约有 12500 个物种，占地球上所有已知物种的 9.5%。

过去 100 年以来，人类社会对河湖生态系统不断开发，在一定程度上造成了水生生物多样性的下降。世界自然基金会（WWF）在 2020 年 9 月 10 日发布的《地球生命力报告 2020》显示，近半个世纪，全球野生物种群数量平均下降 68%。其中，淡水地球生命力指数监测了 944 个物种、3741 个种群，覆盖了包括哺乳类、鸟类、两栖类、爬行类和鱼类，其数量平均下降了 84% ，相当于自 1970 年起每年下降 4%，相较于海洋或森林，其生物多样性丧失速度更快。WWF 首席科学家瑞贝卡（Rebecca Shaw）表示，工业革命以来，全球 85% 的湿地已经消失。2021 年 2 月 23 日国际自然保护联盟（IUCN）评估了 56% 的淡水鱼种类、共计 10336 种的保护状况，大约 1/3 的淡水鱼物种正面临灭绝的威胁，其中 80 种已被宣布灭绝。全球 2456 条河流中有超过 50% 的鱼类区系受到人类活动的强烈影响，34% 的淡水无脊椎动物也被认为濒临灭绝。

下面是几个典型区域的淡水生物情况。

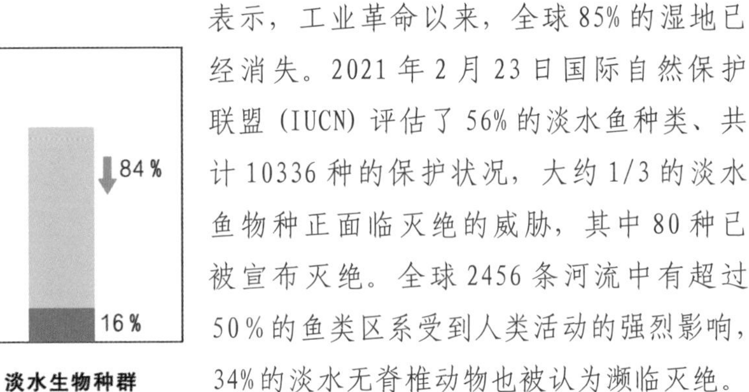

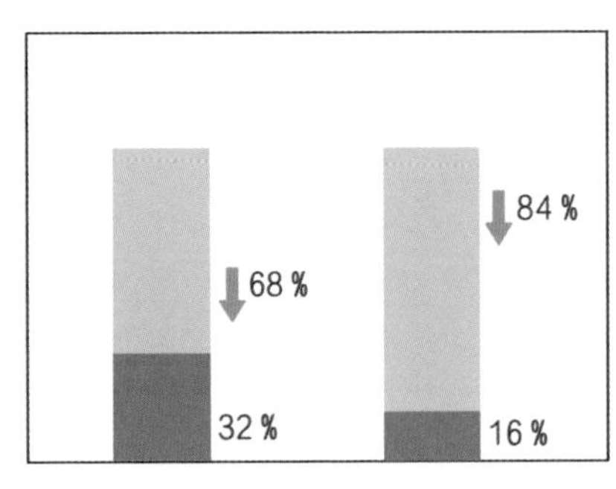

▲ 近半个世纪全球生物多样性迅速下降

一、亚马孙流域

处于新热带生物地理区内的亚马孙森林生物的多样性让人难以置信。河流体系中的生物也是一样。科学家们对亚马孙安第斯山脉源头的无脊椎动物的研究显示，其最丰富的物种是蜉蝣、石蝇和石蛾，还有一些甲虫，前三个物种喜欢水流湍急、寒冷、氧气充足的水域，而这些特点正是高山河流所特有的。泛滥平原和大河的漂浮植物垫上及周围是水生无脊椎动物出现最多的地方，主要的物种有水螨、桡足类动物、介形亚纲动物、水蚤以及苍蝇幼虫等。

据估计，亚马孙河流域至少拥有2000个淡水鱼类物种，主要为脂鲤科鱼（鲤形目，约占整个水域鱼种的40%）和鲶鱼（鲇形目，占25%）。亚马孙流域繁多的鱼类与该区域生物栖息地的多样性分不开。亚马孙河流的五种代表鱼类包括水虎鱼、红腹锯脂鲤、巨骨舌鱼、龙鱼、寄生鲇等。

亚马孙河的水生食物网还包括一些其他重要的脊椎动物，如凯门鳄、淡水豚、海牛、水獭和乌龟。亚马孙流域有世界上最大的淡水豚——亚马孙河豚、世界上最大的水獭——巨獭、完全水生的哺乳动物——亚马孙海牛等。但是这些生物的数量因捕猎

（a）亚马孙河豚

（b）巨獭

（c）亚马孙海牛

（d）黑凯门鳄

▲ 亚马孙流域独特的水生动物

而急剧下降。最大的凯门鳄（黑凯门鳄）已经几乎从这个体系中消亡。

亚马孙河虽然在一定程度上遭到人类活动的破坏与干扰，但总的来说，由于亚马孙河流域附近人口规模较小，所以得以延续流域中的生物多样性，才会存在较多的水生生物，如果不断受到人类活动的破坏，那么流域中的生物多样性就不可能维持。

二、田纳西河

田纳西河是美国第八大河，全长 1043 千米，流经七个州，流域面积 10.4 万千米^2。田纳西河的大型水生植物包括水柳、红枫、风箱树、杨木、紫树属树、美洲桐木及黑柳等。

田纳西河拥有相当多鱼的种类。现有 248 种，其中 223 种是田纳西河土生土长的，32 种是特有的；还有一种，即美洲鳗鱼是下海产卵的。镖鲈（鲈科）是广泛的代表，有 42 种；其他鱼科包括鲤科鱼（鲦鱼和鲤鱼）、亚口鱼（亚口鱼科）、鲶鱼（叉尾鮰鱼）和太阳鱼。田纳西河流源头的鱼的种类最多。在弗吉尼亚河、克林奇河、鲍威尔河及霍尔斯顿河体系的上游生长着 117 种鱼（98 种自产鱼，16 种特有鱼和 19 种引进鱼）。

田纳西河虽然以鱼的种类繁多而闻名，其实它的无脊椎动物物种也不少，其中一种无脊椎动物是小龙虾。在田纳西坎伯兰淡水生态区中就有 65 种小龙虾，其中 40 种是当地特有的，比小龙虾更有名的是种类繁多的淡水贻贝。在人类改造河流致使水域面积减少之前，

▲ 田纳西河中镖鲈的种类有 42 种

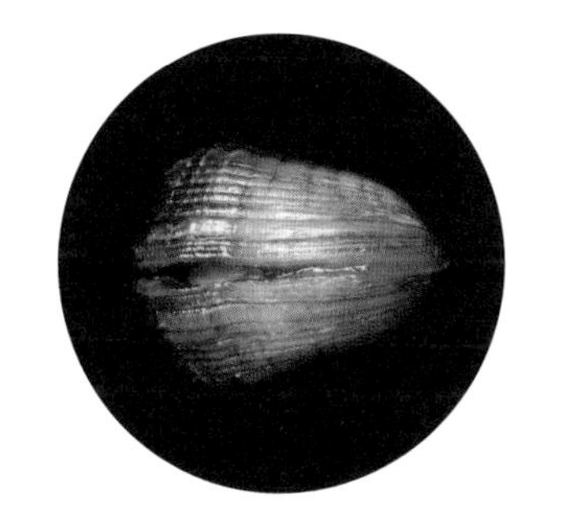

▲ 种类繁多的淡水贻贝

田纳西坎伯兰生态区有 125 种贻贝，其中 100 种是田纳西河自产的，在人类改造河流后，贻贝的数量和种类不断减少，有些已经灭绝，许多种类被列入濒危保护名录。其他主要的底栖动物还包括等足类动物、节肢动物等。蜉蝣、石蝇、蜻蜓、豆娘、蝽、石蛾等都在这个流域出现过。

现在，人们越来越注意保护田纳西河的水生生物多样性，尤其是鱼和贻贝的多样性。美国很多州和联邦政府，还有像自然保护协会这样的非政府组织都致力于保护恢复栖息地、饲养鱼和贻贝以及减轻污染等。然而田纳西河及其支流所面临的一系列问题，并不是短时间所能解决或改善的。与此同时，农业、建筑和开采矿藏带来的污染在继续，环境退化也在继续，偶尔因灾难性事故而加剧。如在北福克霍尔斯顿河上，现已废弃的奥林马蒂逊有限公司化学工厂的污染长久以来一直存在，偶尔还有被汞污染的淤泥排入河流。这一切导致霍尔斯顿河内的几个鱼种灭绝。1998 年，一辆运输有毒化学物质的卡车侧翻，将约 3785 升致命化学物质倾入克林奇河，这次污染致使河水变白，长达 11 千米的下游河段中大部分水生生物死亡，其中包括 3 种列入濒危动物保护法中的动物。

三、贝加尔湖

贝加尔湖地处俄罗斯西伯利亚，靠近蒙古国边境，部分水域处于蒙古国境内，水域面积约 59 万千米^2。贝加尔湖生物物种丰富，特有的种类比例很高。这个湖泊中有 2526 种已知动物，其中底栖无脊椎动物有 1000 多种，大约有 300 种及亚种藻类。绿藻种类繁多，有 112 种，其次是蓝绿藻、硅藻和金藻。湖滨带是许多湖底藻类的栖息地，但是没有大型植物。

贝加尔湖因拥有特有的、独一无二的鱼类而闻名。58 个鱼种和亚鱼种中有 52 个为贝加尔湖自有种，其余 6 个是引进种。其中自有种又有欧亚种、西伯利亚种和贝加尔湖种。欧亚种栖息于浅水湾和河流三角洲地带，西伯利亚鱼种栖息于滨湖带和小溪中，贝加尔湖种则栖息于深滨湖带到深湖底带。贝加尔湖最有名的哺乳动物就是淡水海豹了，它是贝加尔湖特有的哺乳动物，与北极的许多巨型生物相反，是最小的海豹之一。

▲ 贝加尔湖特有的淡水海豹

贝加尔湖被认为是迄今为止世界上最原始的大型湖泊，它也曾受到过污染。苏联时期，贝加尔湖下游的安加拉河上修建了一系列用于水力发电的水坝和水库，其中最重要的是伊尔库茨克水库，它的建成造成水位上升，进而带来湖滨侵蚀和渔业衰退等问题。贝加尔湖水质总体上看北岸优于南岸。这是因为南岸存在一些造纸厂排污和非点源污染。这些污染对湖泊水生生物会产生不良影响。以海豹为例，1994 年官方统计的数据为 10.4 万只。6 年后的科学考察估计海豹只有 8.5 万只。2001 年，“绿色和平”环保组织对海豹数量再次进行调查，结果估计仅剩下 6.5 万只。在过去的 50 年中，贝加尔湖的浮游生物群已经发生变化，特有物种正在被更广泛的（世界性的）耐污染的物种取代。

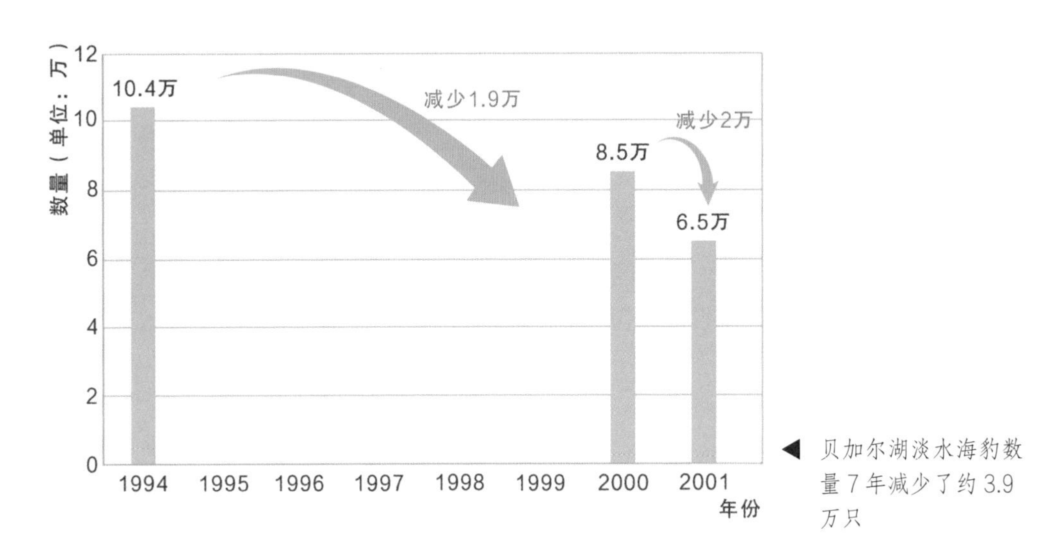

◀ 贝加尔湖淡水海豹数量 7 年减少了约 3.9 万只

◎ 第二节　中国宝贵的水生生物资源

一、水生生物种类丰富

中国河流、湖泊、水库众多，因此淡水生物资源丰富，种类繁多。

河流水生生物多样性有从上游向下游递增的趋势。中国鱼的种类很多，上游多是喜欢流动水体的鱼类，到了中下游就有一些溯河性和河口鱼类进入。根据《重点流域水生生物多样性保护方案》（生态环境部会同农业农村部、水利部2018年4月3日印发）中对中国七大流域的调查结果显示，中国水生生物多样性极为丰富，具有特有程度高、孑遗物种多等特点，在世界生物多样性中占据重要地位。中国江河湖泊众多，生境类型复杂多样，为水生生物提供了良好的生存条件和繁衍空间，尤其是长江、黄河、珠江、松花江、淮河、海河和辽河等重点流域，是中国重要的水源地和水生生物宝库，维系着中国众多珍稀濒危物种和重要水生经济物种的生存与繁衍。近年来，中国水生生物多样性保护法律法规不断完善，就地保护体系初步建立，管理制度逐步健全，但是由于栖息地丧失和破碎化、资源过度利用、水环境污染、外来物种入侵等原因，部分流域水生态环境不断恶化，珍稀水生野生动植物濒危程度加剧，水生物种资源严重衰退，已成为影响中国生态安全的突出问题。

二、七大流域代表性水生生物

1. 长江流域

长江流域物种极为丰富，1976年出版的中国第一部鱼类生态专著——《长江鱼类》中描述了274种鱼类的分类、分布和生活习性。《重点流域水生生物多样性保护方案》中记录长江流域有淡水鲸类2种，鱼类424种，浮游植物1200余种（属），浮游动物753种（属），底栖动物1008种（属），水生高等植物1000余种。流域内分布有白鳖豚、中华鲟、达氏鲟、白鲟、长江江豚等国家重点保护野生动物；圆口铜鱼、岩原鲤、长薄鳅等特有物种，以及“四大家鱼”等重要经济鱼类。

长江江豚是哺乳纲、鲸目、鼠海豚科，俗称“江猪”。体型较小，头部钝圆，额部隆起稍向前凸起；吻部短而阔，上下颌几乎一样长。全身铅灰色或灰白色，体长一般在 1.2 米左右，最长的可达 1.9 米，外貌似海豚。江豚寿命约 20 年，通常栖于咸淡水交界的海域，也能在大小河川的淡水中生活。长江江豚性情活泼，常在水中上游下窜，食物包括青鳞鱼、玉筋鱼、鳗鱼、鲈鱼、鲚鱼、大银鱼等鱼类和虾、乌贼等。分布在长江中下游一带，以洞庭湖、鄱阳湖以及长江干流为主。2017 年 5 月 9 日，长江江豚升级为国家一级保护野生动物。2018 年 7 月 24 日，农业农村部发布，长江江豚仅剩约 1012 头。

▲ 长江江豚

▲ 中华鲟

中华鲟是长江中最大的鱼，素有“长江鱼王”之称。中华鲟的身体呈纺锤形，头尖吻长，口前有 4 条吻须，口位在腹面，有伸缩性，并能伸成筒状。身体覆有五行大而硬的骨鳞，其中背面一行、体侧和腹侧各两行。尾鳍为歪尾型，偶鳍具宽阔基部，背鳍与臀鳍相对。腹鳍位于背鳍前方，鳍及尾鳍的基部具棘状鳞。中华鲟是底栖鱼类，食性非常狭窄，主要以一些小型的或行动迟缓的底栖动物为食，在海洋主要以鱼类为食。夏秋两季，生活在长江口外浅海域的中华鲟洄游到长江，历经超过 3000 千米的溯流搏击，才回到金沙江一带产卵繁殖。产后待幼鱼长大到 15 厘米左右，又携带它们旅居外海。它们就这样世世代代在江河上游出生，在大海里生长。中华鲟生命周期较长，最长寿命可达 40 岁。作为国家一级保护野生动物，中华鲟也是地球上最古老的脊椎动物，是鱼类的共同祖先—— 古棘鱼的后裔，距今有一亿四千万年的历史，和恐龙生活在同一时期，被称为水生物中的活化石。保护和拯救这一珍稀濒危的“活化石”对发展和合理开发利用野生动物资源、维护生态平衡，都有深远意义。

2. 黄河流域

据2015年出版的《黄河鱼类志》记载，黄河流域现存鱼类183种，其中6种为外地移来供养殖的鱼类。土著鱼类177种，除鲟外，不到海水区的纯淡水鱼类为147种。《重点流域水生生物多样性保护方案》中记录黄河流域约有鱼类130种，底栖动物38种(属)，水生植物40余种，浮游生物333种（属）。流域内分布有秦岭细鳞鲑、水獭、大鲵等国家重点保护野生动物。

▲ 秦岭细鳞鲑

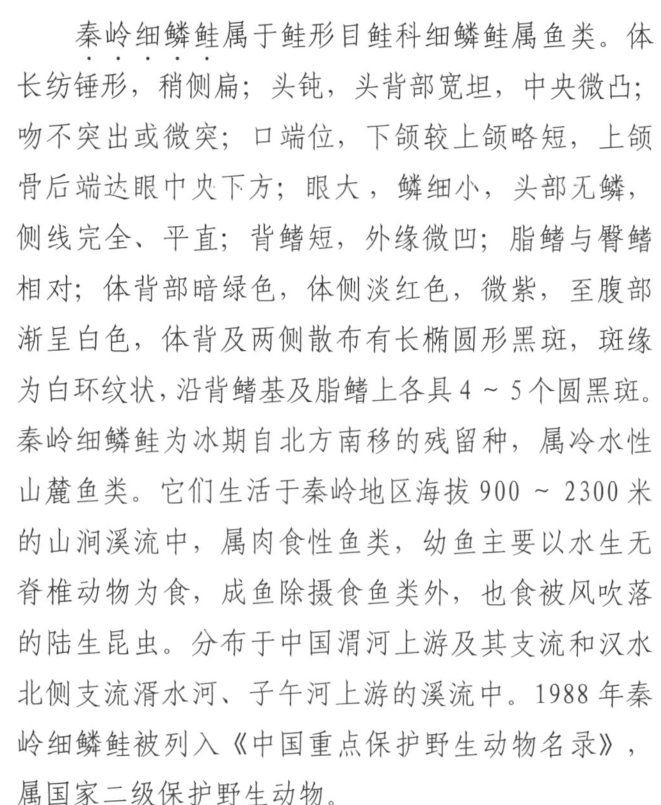

秦岭细鳞鲑属于鲑形目鲑科细鳞鲑属鱼类。体长纺锤形，稍侧扁；头钝，头背部宽坦，中央微凸；吻不突出或微突；口端位，下颌较上颌略短，上颌骨后端达眼中央下方；眼大，鳞细小，头部无鳞，侧线完全、平直；背鳍短，外缘微凹；脂鳍与臀鳍相对；体背部暗绿色，体侧淡红色，微紫，至腹部渐呈白色，体背及两侧散布有长椭圆形黑斑，斑缘为白环纹状，沿背鳍基及脂鳍上各具4～5个圆黑斑。秦岭细鳞鲑为冰期自北方南移的残留种，属冷水性山麓鱼类。它们生活于秦岭地区海拔900～2300米的山涧溪流中，属肉食性鱼类，幼鱼主要以水生无脊椎动物为食，成鱼除摄食鱼类外，也食被风吹落的陆生昆虫。分布于中国渭河上游及其支流和汉水北侧支流湑水河、子午河上游的溪流中。1988年秦岭细鳞鲑被列入《中国重点保护野生动物名录》，属国家二级保护野生动物。

▲ 水獭

水獭为鼬科、水獭属动物。水獭躯体长，吻短，眼睛稍突而圆，耳朵小，四肢短，体背部为咖啡色，腹面呈灰褐色。水獭多穴居，白天休息，夜间出来活动。主要栖息于河流和湖泊一带，尤其喜欢生活在两岸林木繁茂的溪河地带，分布范围极广，亚洲、欧洲、非洲都有其踪迹。

▲ 大鲵

大鲵也就是我们常说的娃娃鱼，是隐腮鲵科、大鲵属有尾两栖动物。头大扁平而宽阔，头长略大于头宽。成鲵一般常栖息在海拔1000米以下溪河深潭内的岩洞、石穴之中，以滩口上下的洞穴内较为常见，食性很广，主要以蟹、蛙、鱼、虾、水生昆虫及其幼虫等为食。

3. 珠江流域

1989年出版的《珠江鱼类志》共记载了珠江鱼类296种和亚种，隶属于17目45科156属。《重点流域水生生物多样性保护方案》中记录珠江流域约有鱼类425种，浮游藻类210种（属），浮游动物410种（属），底栖动物268种（属），水生维管束植物129种。流域内分布有中华鲟、中华白海豚、鼋、花鳗鲡、金钱鲃、大鲵等国家重点保护动物，南方波鱼、海南异鱲等约200种特有鱼类。

中华白海豚属于鲸类的海豚科，是宽吻海豚及虎鲸的近亲，它们和其他鲸鱼及海豚一样都是哺乳类动物。中华白海豚身体修长呈纺锤型，喙突出狭长，刚出生的白海豚约1米长，性成熟个体体长2.0～2.5米，最长达2.7米，体重200～250千克；背鳍突出，位于近中央处，呈后倾三角形；胸鳍较圆浑，基部较宽，运动极为灵活；尾鳍呈水平状，健壮有力，以中

▲ 中华白海豚

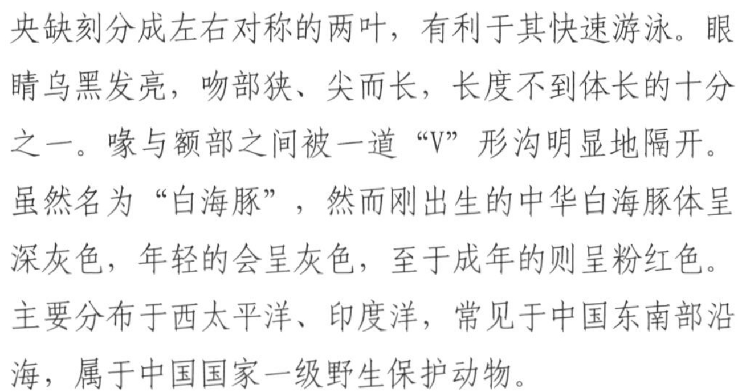

央缺刻分成左右对称的两叶，有利于其快速游泳。眼睛乌黑发亮，吻部狭、尖而长，长度不到体长的十分之一。喙与额部之间被一道“V”形沟明显地隔开。虽然名为“白海豚”，然而刚出生的中华白海豚体呈深灰色，年轻的会呈灰色，至于成年的则呈粉红色。主要分布于西太平洋、印度洋，常见于中国东南部沿海，属于中国国家一级野生保护动物。

▲ 鼋

鼋是鳖科、鼋属动物，是鳖类中最大的一种。吻突极短，不到眼径的一半；尾端超出裙边。体长 600 毫米左右。头部相当小，吻突圆而短、鼻孔位于吻端、眼小、头背宽平而光滑。背面扁平而宽圆形，背甲骨质，前缘平切，后缘微凹，满布凹斑纹饰且侧缘蠕虫状相当清晰，边缘处骨板仍旧较厚。体背橄榄色，上有黄白色的点斑，腹面白色。鼋主要栖息于内陆、流动缓慢的淡水河流和溪流中。鼋是一种名贵的食品和药材，由于长期遭受人类大肆捕杀，生存环境不断恶化，加上其栖息环境受到污染和破坏，致使其数量急剧减少，濒临绝灭边缘，亟待加强保护。

4. 松花江流域

2013 年出版的《松花江流域生态演变与鱼类生态》中调查采集鱼类 66 种，分属 9 目 18 科。《重点流域水生生物多样性保护方案》中记录松花江流域已知有鱼类 81 种，底栖动物 118 种（属），水生维管束植物 80 种，两栖爬行动物 23 种。流域内分布有濒危物种施氏鲟、达氏鳇以及大马哈鱼、乌苏里白鲑、日本七鳃鳗、细鳞鲑、哲罗鲑、黑龙江茴鱼、花羔红点鲑等珍稀冷水性鱼类。

▲ 施氏鲟

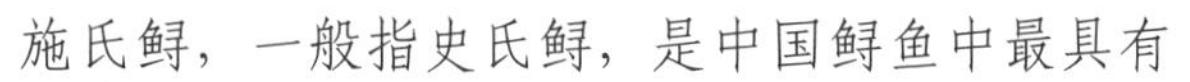

施氏鲟，一般指史氏鲟，是中国鲟鱼中最具有

经济价值的优质珍稀鱼类。鱼体细长呈细纺锤形，裸露无鳞，背有5行大的菱形骨板，幼鱼骨板带有尖棘，为软骨硬鳞鱼。其身体背部棕灰色或褐色，幼鱼为黑色或浅灰色，腹部均为白色。施氏鲟幼鱼的食物以底栖生物、水蚯蚓和水生昆虫为主；成鱼则以水生昆虫、底栖生物和小型鱼类为食。由于过度捕捞，其资源已急剧减少。

达氏鳇是鲟科、鳇属软骨鱼类。头尖、尾歪、体长，颜色黄褐，身上无鳞，而在背脊和两侧有5列菱形的骨板（硬鳞）。鳇鱼长可达5.6米，重可达1000千克。口位于头的腹面，较大似半月形。吻呈三角形，比较尖。左、右鳃膜相互连接，是鳇、鲟鱼的分类依据之一。达氏鳇作为白垩纪时期保存下来的古生物群之一，曾与恐龙在地球上共同生活过，其原始古朴的外形1亿多年来几乎没有改变，具有珍贵的科研价值。该鱼为淡水鱼类，从不游入海里。达氏鳇列入国家二级保护野生动物和农业农村部发布的《人工繁育国家重点保护水生野生动物名录（第二批）》。

▲ 达氏鳇

5. 淮河流域

《重点流域水生生物多样性保护方案》中记录淮河流域已知鱼类115种，水生植物60余种，两栖爬行动物40余种，浮游动物200余种（属），浮游植物250余种（属），底栖动物70余种（属）。流域内分布有中华水韭、莼菜、野菱和水蕨等国家重点保护植物，大鲵、虎纹蛙和胭脂鱼等国家重点保护动物。

▲ 中华水韭

中华水韭是水韭科水韭属植物，多年生沼地生植物，植株高15～30厘米；根茎为肉质，呈块状；向上丛生多数向轴覆瓦状排列的叶。叶多汁，草质，鲜绿色，线形。孢子囊椭圆形，长约9毫米，直径约3毫米，具白色膜质盖。中华水韭分布于中国江苏、安徽、浙江等地。喜温和湿润气候，主要生长在人迹罕至的浅水池沼、塘边和山沟淤泥土上。中华水韭被认为是植物界的大熊猫，是出现于数亿年前的活化石，是我国第一批公布的国家一级保护野生植物，为中国特有的物种，属极度濒危的孑遗植物，具有很高的学术研究价值。

▲ 莼菜

莼菜又名蓴菜、马蹄菜、湖菜等，是多年生水生宿根草本，性喜温暖，适宜于清水池生长。由地下葡匐茎萌发须根和叶片，并发出4～6个分枝，形成丛生状水中茎，再生分枝。深绿色椭圆形叶子互生，长6～10厘米，每节1～2片，浮生在水面或潜在水中，嫩茎和叶背有胶状透明物质。夏季抽生花茎，开暗红色小花。莼菜属睡莲科的一种水草，是国家一级保护野生植物。

6. 海河流域

▲ 中华多刺鱼

《重点流域水生生物多样性保护方案》中记录海河流域有鱼类100余种，底栖动物72种（属）。

中华多刺鱼是刺鱼科、多刺鱼属的一种鱼类。一般成鱼50～60毫米，体细长，侧扁，尾柄细长；吻钝，头较小；口近上位，具细齿；眼较大，侧位；体无鳞；腹膜为浅黄色，具小黑点；背鳍前有分离交错排列的9枚硬棘，最长棘2.0～2.5毫米；臀鳍具1硬棘，与第2背鳍相对；胸鳍大，中位，略呈圆形，后缘超过腹鳍基部；腹鳍具硬棘1枚；

尾鳍稍凹近截形；体背黑绿色，体侧浅黑或白色，腹面色浅。中华多刺鱼为冷水小型鱼类，生活于淡水、咸淡水或海水中，喜栖于水温较低、水草丛生并与河流相通的静水水域。主要食轮虫、枝角类和桡足类等。

7. 辽河流域

《重点流域水生生物多样性保护方案》中记录辽河流域已知鱼类53种，常见大型水生植物16种，流域内分布有斑海豹、江豚等国家重点保护动物；鲂、鲤、鲫、乌鳢、辽河刀鲚、乔氏新银鱼、东北雅罗鱼、凤鲚、海龙、海马等重要经济鱼类，以及中国毛虾、中华绒螯蟹、文蛤等水产资源。

刀鲚是鳀科、鲚属鱼类。从头向尾部逐渐变细，腹部圆润，上颌长，几乎到达胸鳍基部，胸鳍鳍条细长，有6个长的细丝且超过腹鳍，臀鳍长，并与尾鳍相连，尾鳍短小，臀鳍软条80条，体长可达41厘米。体银白色。背侧颜色较深呈青色、金黄色或青黄色。腹部色较浅。尾鳍灰色。刀鲚为洄游性鱼类，栖息于沿海、河口。

▲ 刀鲚

斑海豹也叫大齿斑海豹、大齿海豹，是在温带、寒温带的沿海和海岸生活的海洋性哺乳类动物。它们有洄游的繁殖习性，为肉食性动物，食物主要为鱼类和头足类。斑海豹是唯一能在中国海域繁殖的鳍足类动物，属中国国家二级野生保护动物，辽东湾是斑海豹在西太平洋最南端的一个繁殖区，也是我国海域唯一的繁殖区。

▲斑海豹

◎ 第三节 水中国宝

中华民族的母亲河之一长江生存着许多中国特有且罕见的物种，例如白鲟、中华鲟等等，但近年来它们却面临着灭绝的威胁，甚至白鲟已经被宣告为功能性灭绝。

1.“长江女神”—— 白鱀豚

白鱀豚这种大家耳熟能详的生物是长江的旗舰物种，被人们称为“长江女神”，主要生活在长江中下游及与其连通的洞庭湖、鄱阳湖、钱塘江等水域中。据古生物学家通过化石考证，白鱀豚在地质时代第三纪中新世及上新世就已经出现在中国的长江流域。但它在分类学上一直存在一些争议，之前有学者通过解剖学的研究将白鱀豚定为亚河豚科，但根据DNA的测序结果表明，亚河豚和白鱀豚属于不同的科，因此白鱀豚又被定为独立的一个科：白鱀豚科。

▲ 白鱀豚

白鱀豚具有集群行为，一般成群结队地出现。研究表明，通常一个白鱀豚群是由成年的较大个体开路，中间是幼豚，青壮年豚殿后，这与人类比较像，“尊老爱幼”是许多动物的行为准则。白鱀豚喜欢栖息在江河中心的深水区，当然，也会进入湖泊以及干支流的交汇处。白鱀豚食量很大，青鱼、草鱼、鲢鱼、鳙鱼、鲤鱼等都可以成为它的食物。还有一点与人类比较相似，白鱀豚也是哺乳动物，母乳喂养一般在 8 ~ 20 个月不等。

中国科学院水生生物研究所（以下简称“中科院水生所”）饲养的白鱀豚淇淇是已知的人类看到的最后一条活着的白鱀豚。1980 年，渔民在岳阳城陵矶附近捕鱼时发现了淇淇，当时它误入浅水区搁浅，被渔民救助后，中科院水生所的专家将其救治了 4 个月后转危为安，后继续养殖在中科院水生所，为白鱀豚的科学研究提供了极大的贡献。淇淇于 2002 年去世，去世时约 25 岁，在淡水鲸类动物中已属老龄。在此之后，再没有观测到一头活的白鱀豚。

2007 年，经过中外七国科学家联合科考，在均未发现野生白鱀豚的迹象之后，宣布白鱀豚功能性灭绝。功能性灭绝是指自宣告功能性灭绝之后的 50 年，如果不能发现野外生存的这个物种，那这个物种就彻底灭绝了。2018 年 11 月 14 日，《世界自然保护联盟濒危物种红色名录》（IUCN）更新发布，暂未确认白鱀豚灭绝，保持原定的“极危”评级。

小贴士

白鱀豚、江豚是哺乳动物吗？

白鱀豚、江豚是鲸类，而不是鱼类。它们是水体中的哺乳动物，幼崽出生后母乳喂养很长时间才“断奶”。白鱀豚已经被宣告功能性灭绝，而江豚在一系列的生物保护措施开展后，现存的数量恢复到 1000 头左右。人类需要反思，当环境不适合更多生物生存的时候，最终也会变得不利于人类生存。因此保护它们，保护它们的生存空间，就是保护人类自己。

2.“水中大熊猫”——白鲟

2020 年年初，一则长江白鲟可能灭绝的新闻令许多人痛心，人们开始思考在“长江大保护”工作中，如何能更有效地保护长江特有物种。

白鲟，又称作中华匙吻鲟，属于国家一级保护野生动物，被称为“水中大熊猫”。匙吻鲟科鱼类最早出现于白垩纪（距今一亿多年）。现今存活的匙吻鲟科鱼类仅有两属的两种，分别分布在亚洲的长江和北美洲的密西西比河。白鲟因为其吻部形状如象鼻，又被称为象鱼。俗话说“千斤腊子，万斤象”，千斤腊子指的是中华鲟，万斤象指的是白鲟。

▲ 白鲟

白鲟是中国最大的淡水鱼类。

白鲟在中国主要分布于长江和钱塘江，属于半洄游性鱼类，后期因工程建设、水体污染等对产卵洄游路线、生存环境、食物来源产生影响，存量逐渐减少。2003年，宜宾渔民误捕到一头白鲟，在相关鲟鱼专家救治后放生，但在此后再也没有观测到野生活体。

这类处于食物链顶端的生物的死亡，主要受多种环境因子变化的共同影响，例如食物来源消失、产卵地被破坏或者人类捕捞。为更好地保护长江的水生生物多样性，农业农村部发布通告：2021 年 1 月 1 日起，长江干流和重要支流除水生生物保护区外的天然水域，实行暂定为期 10 年的常年禁捕，期间禁止天然渔业资源的生产性捕捞。长江十年禁捕，是对整个长江生态系统的保护，最终的受益者还是人类。

第三章 因何而殇

小贴士

水生生物栖息地

水生生物生存的“家园”在科学术语上叫作“栖息地”或“生境”，即栖息的环境、生存的环境，良好的栖息地一般位于没有人类活动干扰的区域，如自然保护区、人迹罕至的山区高原等。现今一些水生态修复规划中提出的“河畅、水清、岸绿、景美”正是仿照这种原生态的栖息地做出的要求。

水生生物是生态系统的重要组成部分，也是人类重要的食物蛋白来源和渔业发展的物质基础。养护和合理利用水生生物资源对维护国家生态安全、促进渔业可持续发展具有重要意义。多年来，我国制定并实施了一系列水生生物资源养护管理制度和措施，建立了较为完整的养护执法和监管体系，初步形成了与养护工作相适应的科研技术推广和服务体系。但随着流域开发利用，水生生物多样性受到过度捕捞、环境污染、栖息地质量下降等威胁，如何保护水生生物资源、恢复水生生物多样性成为河湖管理的重要目标之一。

◎ 第一节 密集的渔网

一、过度捕捞是全球性难题

自古以来，鱼、螺、蚌等河湖水生生物以水产品的形式为人们提供了美味的膳食蛋白，北宋著名文学家、政治家苏轼一生最爱吃鱼，“姜芽紫醋炙鲥鱼，雪碗擎来二尺余。尚有桃花春气在，此中风味胜莼鲈。”这首诗就是苏东坡在镇江焦山品尝鲥鱼时，赞美镇江南鲥鱼的诗句。鲥鱼产于中国长江下游，被誉为江南水中珍品，古为纳贡之物，是中国珍稀名贵的经济鱼类，与河豚、刀鱼齐名，俗称“长江三鲜”。在20世纪70年代以前，鲥鱼是长江重要的渔业捕捞对象，每年的4月至7月，鲥鱼从入海口进入长江，途经江苏、安徽至江西赣江峡江产卵场。在这几千千米的洄游途中，它们可能被无数的流刺网刺伤，被沿江大大小小2000艘左右的渔船捕捞，能到达产卵场进行繁殖的鲥鱼已所剩不多，产量逐渐下降。虽然1987年实施了长江鲥鱼禁捕，但为时已晚，至90年代鲥鱼已鲜有见到。因为过度捕捞，鲥鱼遗憾地退出了历史舞台，已经“功能性”灭绝。鲥鱼的案例是选择性捕捞的结果，相比之下，非选择性捕捞则“连杀带伤”，可能导致所有被捕获的鱼类资源减少、物种濒危甚至灭绝。因此，在酷渔滥捕的情况下，鱼类多样性首当其冲受到危害，中华绒螯蟹等其他生物类群资源也逐年衰退，成为水生生物多样性保护的重大问题。

▲ 20世纪90年代鲥鱼已经很难见到

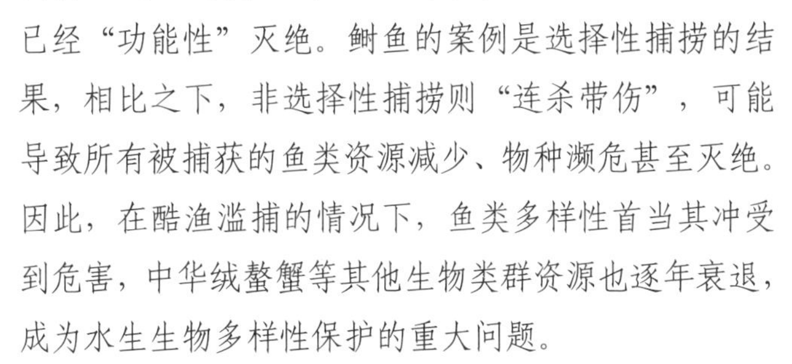

对于一个区域来说，水生生物多样性可成就其丰富的渔业资源。渔业资源既能为人们提供丰富的水产品，也是自然生态系统重要的组成部分，对维持河湖生态系统稳定性发挥着重要作用。但随着人们捕鱼工具效率提高、捕鱼范围不断扩大、捕鱼行为不断增多，部分水域出现过度捕捞现象。过度捕捞导致水生生物捕获量超过了生态系统能够及时更新补充的数量，从而引发河流、湖泊、水库等淡水生态系统中生物多样性下降。

过度捕捞对水生生物及生态系统的影响主要体现在以下几个方面：①直接提高生物死亡率；②致使鱼类低龄化、小型化；③捕捞工具对于物理生境的破坏或毁灭；④误捕其他非目标性鱼类，比如无经济价值鱼类、其他生物类群；⑤渔船作业对于生境的干扰；⑥渔船对于水域的排污；⑦可能的外来物种入侵。

小贴士

渔业资源

渔业资源是指天然水域中具有开发利用价值的鱼、甲壳类、贝、藻和海兽类等经济动植物的总体。因此，渔业资源是水生生物群落中具有开发利用价值的群体。

①直接提高
生物死亡率

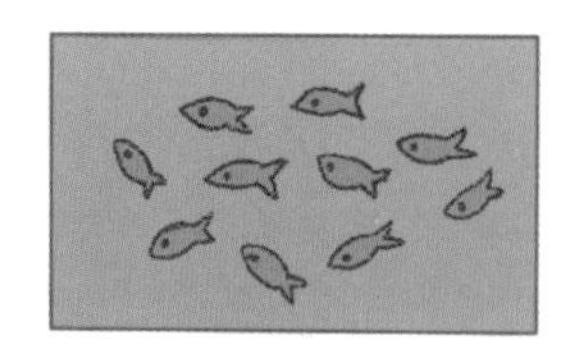

②致使鱼类
低龄化、小型化

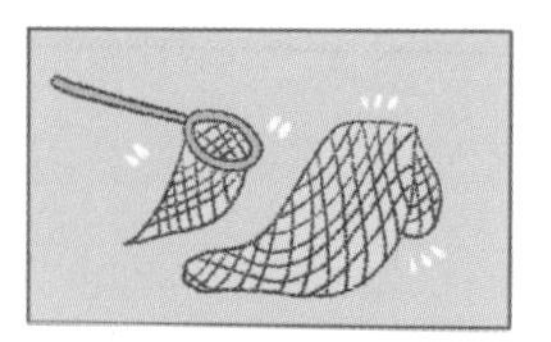

③捕捞工具对于物理
生境的破坏或毁灭

④误捕其他非目标性鱼类，
比如无经济价值鱼类、
其他生物类群

⑤渔船作业对于
生境的干扰

⑥渔船对于
水域的排污

⑦可能的外来
物种入侵

▲ 过度捕捞带来的影响

以上种种影响可能改变生物间的相互作用关系，如捕食与被捕食关系、竞争关系、食物链改变等，进而对生态系统结构和功能产生影响。

总体上，过度捕捞会引起渔业资源衰退，生物多样性发生剧烈变化，鱼类种群结构也可能会发生不可逆的转变，甚至导致部分物种灭绝。除了对生态系统造成不可逆转的影响外，过度捕捞对于经济社会也可能造成无法挽救的影响，“竭泽而渔”可能殃及子孙后代可持续发展。例如在1992年，加拿大纽芬兰的鳕鱼渔业崩溃，4万人因而失业，当地渔业至今仍未恢复。

在经济利益的驱动下，过度捕捞已成为全球渔业面临的重大问题。联合国粮农组织发布的《2018年全球渔业及水产养殖业报告》中提到，全球已经有 1/3 的海洋鱼群面临过度捕捞的问题，或正在走向枯竭。目前，内陆渔业过度捕捞的数据还未有清晰报道。尽管如此，《2022年世界渔业和水产养殖状况》中提到，2020年渔业和水产养殖总产量上升至历史最高水平，达2.14亿吨，其中1.78亿吨为水生动物（捕捞量占比50.8%），3600万吨为藻类。全球水产品2020年人均年消费量达到20.2千克，是20世纪60年代消费量的两倍多。2019年可持续捕捞种群（内陆+海洋）占比64.6%，比2017年下降1.2%。在40年前，有90%处于可持续捕捞状态，处于不可持续捕捞状态的鱼类仅占10%。我国捕捞渔船数量多、渔民数量大、居民消费量大，多年来部分区域过度捕捞已造成了渔业资源过度消耗、生物多样性快速下降。

▲《2022年世界渔业和水产养殖状况》封面

二、长江从“无鱼”到“十年禁渔”

长江是中国第一大河，长江流域是全球生物多样性热点区域，是鱼类和珍稀特有水生野生动物资源的宝库，更是中国重要渔业产区，有中国“淡水渔业摇篮”的美誉。因此，保护长江生物多样性，对于全国乃至全球都具有重要价值。然而，由于长江流域长期进行大规模开发，其中的水生生物资源已经严重衰退。2018年，习近平总书记在深入推动长江经济带发展座谈会上指出：“长江生物完整性指数到了最差的‘无鱼’等级。”“无鱼”二字无异于当头棒喝，为我们敲醒了生态警钟，也让人反思长江生物多样性下降的原因。这其中，过度捕捞是一个重要因素。

长江流域渔业资源开发历史悠久，逐渐形成了超强的捕捞力量。2020 年 12 月，农业农村部公布长江流域退捕渔船 11.1 万艘、渔民 23.1 万人，由此可见，在此之前这种高强度捕捞远超过鱼类资源的承载能力，“无鱼”导致长江干流捕捞量明显下降。长江干流的渔业捕捞量从 1954 年的 4.3×10^5 吨下降到 20 世纪 80 年代的 2.0×10^5 吨，2011 年捕捞量仅为 8.0×10^4 吨（降幅为 81%）。再加上围湖造田、江湖阻隔等因素，“四大家鱼”早期资源量比 20 世纪 80 年代减少了 90% 以上，在渔获物中占比从 1997 年的 11.84% 下降到 2006 年的 6.61%，且呈现低龄化、高死亡率趋势，渔获物中大多数是未性成熟的低龄鱼，低龄和小型个体比重增加。

但即使面对渔业资源严重衰退，部分渔民为获取私利，使用“电、毒、炸”或“绝户网”等非法方式捕鱼，加速了渔业资源的衰退。另一方面，渔业资源全面减少对白鱀豚和江豚产生了不可估量的影响，诸如“江豚遭船舶螺旋桨夺命”“江豚被废弃渔具缠绕致死”“江豚部分尸体肠胃空空”等新闻报道屡见不鲜。由于捕捞误杀、食物减少等原因，白鱀豚、白鲟已经灭绝，中华鲟、长江鲟、江豚等物种也被列为极度濒危物种。

▲ 非法捕鱼工具之一——“绝户网”

面对长江“无鱼”的痛心局面，国家出台了“十年禁渔”的史上最严禁渔令，时间从2021年1月1日起。2020年12月颁布的《中华人民共和国长江保护法》第53条中规定：“国家对长江流域重点水域实行严格捕捞管理。在长江流域水生生物保护区全面禁止生产性捕捞；在国家规定的期限内，长江干流和重要支流、大型通江湖泊、长江河口规定区域等重点水域全面禁止天然渔业资源的生产性捕捞。”长江“十年禁渔”已写入中国法律，是长江史上最大规模的一次“休养生息”，对维护生物多样性、拯救濒危水生生物具有重大意义，是“长江大保护”的重要举措。此外，国务院办公厅印发的《关于加强长江水生生物保护工作的意见》中要求：“到2035年，长江流域生态环境明显改善，水生生物栖息生境得到全面保护，水生生物资源显著增长，水域生态功能有效恢复。”相信在不久的将来长江一定会再次换发往日的生机。

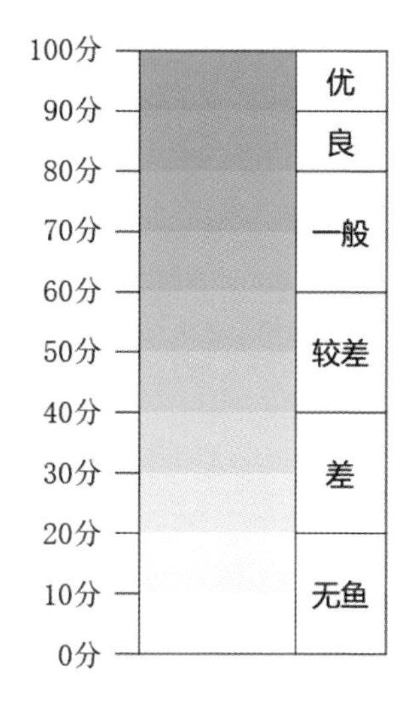

▲《长江流域水生生物完整性指数评价办法（试行）》中对长江流域水生生物完整性指数做了等级划分

“禁渔十年”并不是为了将来提供更多的水产品，而是为了保护长江生物多样性，修复长江生态系统功能。十年虽然不能让生态系统完全恢复，但能够直接保护野生渔业资源，更有利于鱼类繁殖后代。以“四大家鱼”为例，它们的性成熟年龄一般为3年至5年，“十年禁渔”可逐步恢复长江水生生物资源量，也能更好地保护江豚等国家重点保护动物。中国首个针对长江水生生物多样性保护而出台的专项实施方案《长江生物多样性保护实施方案（2021—2025年）》中明确规定，到2025年，中华鲟、长江江豚、长江鲟等珍稀濒危物种资源保护将取得阶段性成效，水生生物

▲ 长江禁渔宣传海报（图片来源：《人民日报》评论）

关键栖息地得到有效修复和保护，资源及栖息地监测监管能力明显提升，物种保护科技支撑能力明显增强，水生生物资源量有所增加，水生生物完整性水平稳步提高。

◎ 第二节 变化的水质

一、水环境污染未全面改善

根据 2019 年《中国生态环境统计年报》统计，中国废水中化学需氧量排放量为 567.1 万吨，其中，工业源废水中化学需氧量排放量为 77.2 万吨，农业源化学需氧量排放量为 18.6 万吨，生活源污水中化学需氧量排放量为 469.9 万吨，集中式污染治理设施废水（含渗滤液）中化学需氧量排放量为 1.4 万吨。全国废水中氨氮排放量为 46.3 万吨，其中，工业源废水中氨氮排放量为 3.5 万吨，农业源氨氮排放量为 0.4 万吨，生活源污水中氨氮排放量为 42.1 万吨，集中式污染治理设施废水（含渗滤液）中氨氮排放量为 0.3 万吨。

废水排放到江河湖泊中，给水体造成污染，影响河湖水体质量。《2021 年中国生态环境公报》记录，全国地表水监测的 3632 个国考断面中，Ⅰ～Ⅲ类水质断面（点位）占 84.9%。各大流域河流水质比较，长江流域、西北诸河、西南诸河、浙闽片河流和珠江流域水质为优，黄河流域、辽河流域和淮河流域水质良好，海河流域和松花江流域为轻度污染。开展的 210 个重要湖泊（水库）中，贫营养、中营养、轻度富营养、中度富营养状态湖泊（水库）分别占10.5%、62.2%、23.0%、4.3%。

二、水生生物受到毒害

在正常的、自然的河湖生态系统中，各种物理的、化学的、生物的组成要素，高度复杂、相辅相成，维持着生态系统的动态平衡，可以理解为这就是生态平衡。如果水体受到物理的、化学的、生物的等外来因素干扰，这种平衡就会遭到破坏，这其中就包括水污染。造成水体污染甚至有毒有害的污染物质有很多，来源也非常广泛，包括城市生活污水、农村生活污水、工业废水、农业废水几个大类，大量经过处理的或者未经过处理的废污水进入河流、湖泊、海洋后会发生一系列的转化，导致水质变差，可以用肉眼判断的现象有河水发黑发臭、湖泊富营养化、海水赤潮等等。

水体中污染物种类繁多，很多有毒有害物质进入水体后，引发了自然水体水环境改变，会降低甚至丧失其使用价值，破坏淡水资源的持续利用，更让生活在其中的水生生物受到损害甚至死亡、消失。水体污染通过哪几种途径影响水生生物呢？

（1）城镇生活污水。由于其中含有大量的氮、磷、硫元素，在厌氧细菌的作用下，易产生恶臭气体如硫化氢，对水生生物具有毒害作用。城镇生活污水含有大量的有机污染物，其分解需要消耗大量的氧气，这样生物所需的溶解氧急剧减少最后可能导致生物死亡。一般来讲，只要河流严

(a) 城市生活污水

(b) 农村生活污水

(c) 工业废水

(d) 农业废水

▲ 大量污水废水会打破河湖生态平衡

▲ 城镇生活污水危害水生生物

重污染黑臭，不光我们肉眼能见的鱼类、水生植物、水鸟等个体较大的水生生物逐渐消失，底栖动物数量也会下降，甚至连细菌的数量也会受到影响，水体中物理要素、化学要素、生物要素均发生了变化，这样一来生态系统平衡就被破坏了。

（2）工矿企业重金属污水。很多工矿废水体中含有大量重金属，其中汞、铬、镉等有毒有害物质均可以导致水生生物急性、慢性中毒。当这些有毒有害物质达到一定的浓度时，水生生物的生理功能可能被破坏，从而引发病变甚至中毒死亡。人类饮用了这样的水之后，同样会导致中毒。即使河湖水体中重金属浓度较低，但是通过食物链逐级积累放大，食物链顶端物种鱼类就会富集较高的重金属浓度，从而对人类健康构成威胁。

（3）农药化肥污染。一提到农药污染，能够联想到环境保护领域经典著作《寂静的春天》，这本书中透彻分析了农药杀虫剂对于生物、生态、人类的毁灭性伤害。暂时停留在农作物和土壤中的农药化肥残留物，只要来一场大雨就很可能顺着无限细小的水流进入河流湖泊中，然后对水生生物产生危害。这些物质达到一定的浓度后，可以直接杀死一些敏感的（不耐污的）鱼类、浮游动植物，像鲫鱼这种能够忍耐较高浓度污染物的物种，则可能出现脊椎骨粘连和扭曲的奇形怪状。

这些杀虫剂同样可以顺着食物链逐步到达食物链顶端物种体内。除此之外，化肥中的氮、磷元素释放到河流湖泊中，极易造成水体氮磷浓度超标，最终可能导致水体富营养化。

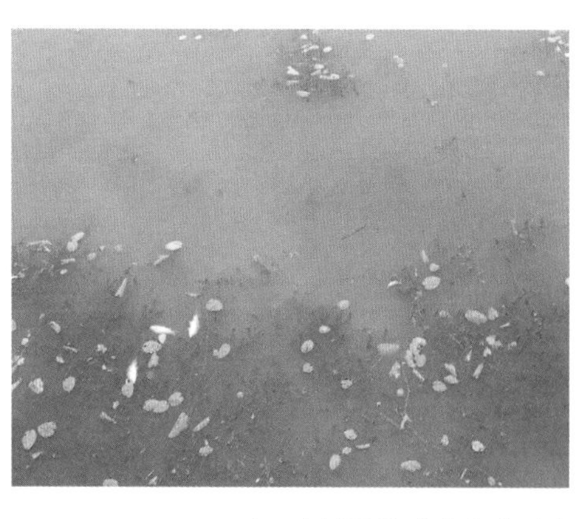

▲ 水域污染造成鱼类死亡

（4）酸雨。煤和石油在燃烧过程中排放的大量二氧化硫和氮氧化物，最终通过干沉降、湿沉降的方式降落到地面，酸雨（pH 值小于 5.6）属于湿沉降。

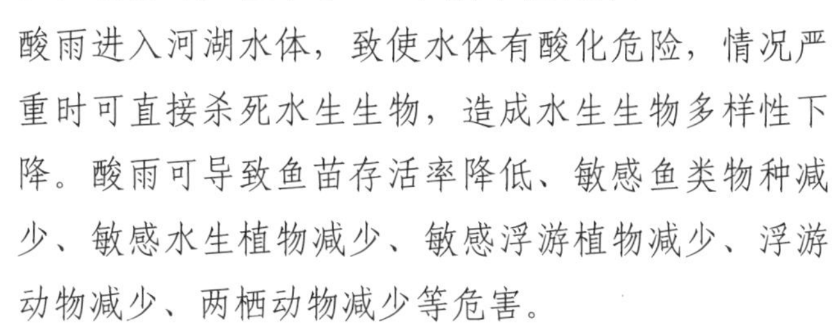

酸雨进入河湖水体，致使水体有酸化危险，情况严重时可直接杀死水生生物，造成水生生物多样性下降。酸雨可导致鱼苗存活率降低、敏感鱼类物种减少、敏感水生植物减少、敏感浮游植物减少、浮游动物减少、两栖动物减少等危害。

当然，影响水生生物的有毒有害污染物还有很多，如石油类、酚类、氰化物、砷、有毒重金属类等，随着科技进步和科学家认知发展，还会逐步发现更多的污染物类型，如微塑料近年来就成为了研究的热点。

◎ 第三节　萎缩的家园

除了过度捕捞、水环境污染外，由于河湖湿地萎缩、自然水文节律受到干扰、水系连通性降低等造成的生态损害，也是水生生物多样性下降的重要原因。在认识到以上种种生态损害后，我国开展了水系连通工程，采取生态调度措施，成为逐步恢复河湖生态系统和生物多样性的重要手段。

一、水生生物家园变小了

1. 河湖湿地萎缩

水生生物栖息的河湖湿地类型主要包括河流、湖泊、水库、沼泽、坑塘等自然或人工自然湿地，保护湿地及其生物多样性已成为当前国内外政策制定、管理要求及科学研究的热点，但总体上中国大部分自然湿地依然存在退化和萎缩的趋势。从全国范围来看，河流、湖泊、水库、坑塘等在全国均有分布，沼泽湿地主要分布在青藏高原、东北三江平原、大小兴安岭等。河湖湿地面积不仅受到气候条件、季节变换的影响，还受到人类水资源利用、河湖湿地侵占的影响。

2014 年 1 月公布的第二次全国湿地资源调查结果显示，中国湿地有湿地植物 4220 种、湿地植被 483 个群系，脊椎动物 2312 种，隶属于 5 纲 51 目 266 科，其中湿地鸟类 231 种，湿地是名副其实的“物种基因库”。但是，中国湿地保护也面临着湿地面积减少、功能有所减退、受威胁压力持续增大、保护空缺较多等问题。在调查结果中，中国湿地总面积 5360.26 万公顷，湿地面积占国土面积的比率（即湿地率）为 5.58%。与第一次调查（2003 年）同口径比较，湿地面积减少了 339.63 万公顷，减少率为 8.82%。其中，自然湿地面积 4667.47 万公顷，占全国湿地总面积的 87.08%。与第一次调查同口径比较，自然湿地面积减少了 337.62 万公顷，减少率为 9.33%。为此，2021 年 12 月 24 日，中华人民共和国第十三届

▲ 中国湿地动、植物数量

全国人民代表大会常务委员会第三十二次会议通过了《中华人民共和国湿地保护法》（以下简称《湿地保护法》）。《湿地保护法》切实推动了湿地保护，维护湿地生态功能及生物多样性，保障生态安全，促进了生态文明建设，体现了人与自然和谐共生的重要意义。

▲ 2010 年云南曲靖德格海子水库干涸

不光从专业统计数据上可以看出河湖水量减少，其实从我们的身边也完全可以体现出来。比如老一辈经常念叨，他们小时候河湖里的水是多么清澈见底，洗衣服做菜都用河里的水，而如今他们记忆中的河湖已经大变样，甚至干涸消失了。

河道中水量减少直接影响水生生物栖息地范围和质量，河道中的径流量不能满足水生生物的生存需求，使水生生物的家园面积减小甚至消失。那么河流水量减少是如何影响水生生物栖息地的呢？

鱼类栖息地包括完成鱼类全部生活史所覆盖的水域范围，如产卵场、索饵场、越冬场以及连接不同生活史阶段水域的洄游通道。河流鱼类栖息地不仅要能提供鱼类生存的空间，而且还要提供鱼类生存的环境要素包括水温、地形、流速、饵料等等。河流水量的减少或消失，则直接导致鱼类栖息地减少或消失。

比起长距离迁移的鱼类，底栖动物的活动空间范围就要小很多。河流水量减少导致底栖动物生存的物理空间（专业上叫作“物理栖息地”）即由水体、水下空间、水下地形组成的空间减少。正是因为底栖动物自身体积小，生存的物理空间碎小繁杂广泛，河湖水域每消失一小片，它们的家园就跟着减小一小片。

二、水文节律“不自然”

由于流域开发利用，不仅导致河湖湿地水量减少，还会引起河湖自然水文节律变化。河流里的水量很少当然不好。但是很多就很好了吗？试想一下，河流里的水很多但都不流动，静静地“躺”在那里如同一潭死水，你还会喜欢吗？水生生物还会喜欢吗？答案是：喜欢静水的水生生物很喜欢，而喜欢流动水体的水生生物就远离了。流速对于喜欢流动水体的生物来说是一个非常关键的要素。除了流速外，河道里面不仅要有水，什么时候来水也是重要因素，这就需要考虑现在的流水特征是不是和它原来的状态一致或相近。因此，我们可以说河流要追求自身的节奏即河流自然水文节律，河流自然水文节律指的是在无任何人类活动干扰的情况下，一年中河流中流水的自然状态，其水文变化特征由自然气候、地形条件等决定。河流水文节律越自然，生物多样性越接近最初的状态。一定的流水条件是鱼类生命中不可或缺的，如四大家鱼的产卵和水位涨落有关；趋流性鱼类要靠水体流动的力度和方向来判断游泳甚至洄游的路线；水流也可通过影响

▲ 辽宁本溪太子河上游自然河道

栖息地而间接影响鱼类，如水体流态不仅影响栖息地的氧气浓度、水温、饵料，还可以影响栖息地的小地形，而这些地形的改变也是栖息地发生变化的原因。

河流水文节律有多种分析方法，对于水生生物，可以从以下几个方面来观察和分析。①来水时间。河流的来水时间影响水生生物的繁殖时间，来水时间会给生物一些信号，一般鱼类会选择在高流量来临的时候产卵，而季节性候鸟的栖息长短也与来水时间密切相关。②持续时间。部分水文要素的持续时间会影响整个河流生态系统的状况，如漫滩流量的持续时间，能促进河道和河岸的物质能量交换，丰富水生生物的食物来源。③洪水涨落速率。洪水的涨落对河流中的每个物种都会产生重要影响，在河流洪泛区洪水涨落速率决定了洪泛区的物种组成，引起没有适应本地水文情势的入侵物种死亡，降低物种入侵风险。洪水涨落速率还有助于塑造河床形态、清除淤积的底泥、增加河流水体的含氧量、保证水生物种的栖息环境。因此，对于水生生物来说，生态流量不仅需要提供河湖中水生生物生存所需要的基本水量，还应考虑敏感期生物对流量的需求。

小贴士

生态流量

2008年，《布里斯班宣言》指出生态流量是维持河流、湖泊、河口地区生态环境健康和生态服务价值所需要的水质、水量和水文情势。对于河流来讲，生态流量更多指的是河流流量、流速等；对于湖泊来讲，生态流量更多指的是水位，即维持一定的水位更为重要。

三、水系连通性变化

水系连通是影响河湖水文节律中流量、持续时间等水动力条件变化的重要因素，通常情况下，较高的水系连通度能改善河湖水力联系和水动力条件，提高水生态修复保护能力，从而保护生物多样性。中国江河众多、水系纵横，河湖水系格局决定了水生生物家园分布，而不同时期水系连通状况的演变

▲ 水系连通后的武汉砵山湖

进一步影响了水生生物家园的变化。最主要的两个因素是自然因素和人为因素。自然因素包括地质构造、地形地貌、气候气象、水文泥沙等，对河湖水系格局起控制性作用；人为因素，如建设运河、沟渠、水库、闸坝，蓄滞洪区、围垦开挖、河道整治等，直接改变了河湖水系自然连通格局。此外，流域内水资源开发利用、土地开发、不透水下垫面比例增加等，也影响了河湖水系的物质、能量、生物自然循环过程，河湖水动力条件也随之发生变化。《自然》（*Nature*）杂志有文章称，基于破碎程度、流量调节程度、泥沙淤积、水资源利用、道路密度、城市分布六个方面综合评价结果，在全世界长度超过 1000 千米的河流中，仅有 37% 的河流还能自由流动。

在水系连通与生物多样性的研究中，水电开发与水生生物的关系是一个热点。那么水电开发是如何影响水生生物的呢？

（1）水电开发对鱼类的影响：未修建过鱼设施的闸坝对于洄游性鱼类的繁殖、索饵、越冬等行为具有阻碍作用。针对鱼类洄游问题，为了缓解阻隔效应，尽量维持河流生态系统结构和功能完整性，大量水电工程建设过鱼设施，协助鱼类洄游，促进上下游物质、能量与基因交流，最大限度解决修建水电站带来的生境破碎问题。此外，还可以采用人工鱼巢、网捕过坝、增殖放流等方式，帮助鱼类实现洄游。国际上有鱼道建设从而使物种恢复的成功案例，如莱茵河鲑鱼行动计划、哥伦比亚河鱼道建设、日本长良川河口堰鱼道等，这些鱼道建设的运行效果，均以长期监测数据为基础，从而评估鱼道的有效性，经过不断实践积累和论证，取得了较为成功的效果。截至2020年8月底，中国现有和在建鱼道已达93座，但鱼类监测数据时间较短，也应根据长期监测数据进行适应性调整，以更好地保障鱼类洄游。

▲ 哥伦比亚河水坝的鱼道

（2）水电开发对底栖动物的影响：闸坝建设通过水文条件改变可能对底栖动物的摄食类群结构、栖息类群结构产生影响。

1）闸坝建设对底栖动物功能摄食类群可能存在的影响包括以下5个方面。

小贴士

功能摄食类群

将底栖动物按照摄食类型划分成特定的摄食结构组成，用通俗的话来讲，就是按照它们吃什么、怎么吃进行分类。

①滤食者：主要摄食河流中悬浮的细有机颗粒物，流量增加对于细有机颗粒物的转化具有促进作用。建设闸坝后，河流流量的变动导致河流中有机颗粒的迁移转化发生变化，进而对滤食者产生影响。

②集食者：栖息于河流底质下层以摄食沉积型的有机质为食的重要底栖动物类群，是所有河流类型中沉积型有机物转化的关键功能类群。如果闸坝建设扰动了底质类型，它们就会受到影响。

③捕食者：捕食猎物。所有水生生物在其生命

周期的某个阶段都可能成为捕食者的猎物。捕食者形体有大有小，过低或者过高的水量会刺激捕食者类群的增加，导致其他底栖动物类群被捕食的压力增大，因此需要维持适中的流量条件，而闸坝建设则会影响流量条件。

④刮食者：摄食河流中卵砾石底质上附着的藻类类群，是将河流初级生产力向更高营养级别传递的重要类群，对流量的耐受性较高，即使是在洪水期，种群数量也能保持增长。

⑤撕食者：撕食者类群是河流中最重要的凋落物分解者，食物为粗颗粒有机物和真菌，担负着河流物质转化的重要功能，流量增加会促进粗颗粒有机物输移从而影响撕食者数量。

2）闸坝建设对底栖动物栖息类群可能存在的影响包括以下 5 方面。

①黏附者：喜欢栖息在河流浅滩和波浪扫过的岩石表面，适宜的基质可以是岩石表面、木质碎片、沉水苔藓和维管束植物。

②匍匐爬行者：喜欢栖息在浮叶水生植物或细小沉积物表面，它们一般停留在沉积物底部，挖掘岩石之间或之下的细小沉积物或叶子碎片进食。栖息环境相对固定，具有较高的漂移性。

③游泳者：喜欢依附于水下岩石或维管束植物表面，在水中进行类似“鱼状”游泳，是底栖动物中移动能力较强的一类。

④营巢者：栖息在溪流（水池）和湖泊的细微沉积物中，它们一般穿过沉积物或停留在沉积物底部，具有穴居特性，有时会进入植物根茎中生存。栖息环境相对固定，具有较高的漂移性。

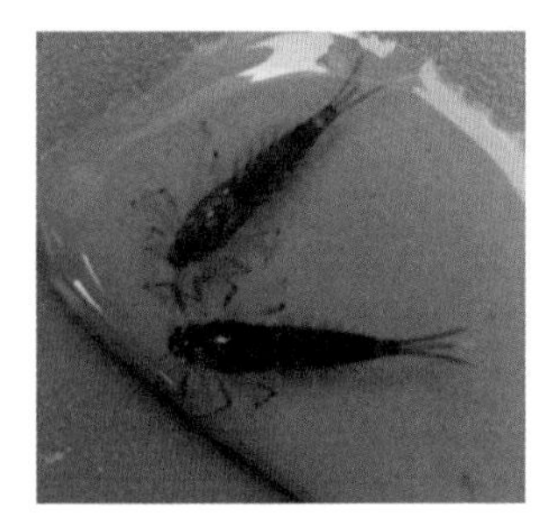

▲ 四节蜉属是一种常见的游泳者

⑤攀爬者：适合生活在维管水生植物根茎下，叶片碎屑上，沿着维管束植物的根茎或碎屑移动。通过垂向移动适应流量变化，常见的攀爬者如部分蜻蜓目的蜓科。

通过对栖息类群的特征了解，很容易能理解，闸坝建设为什么对底栖动物有影响，如果水流改变了，那么河流中的各种石头、泥沙、木棍、落叶、动水和静水等生境分布都会随之发生变化，从而影响底栖动物的栖息环境。

“闸坝与河流共生”是经济社会发展、造福国计民生的必然产物，应兼顾防洪、减灾、生态环境保护等多目标需求，努力建设人与自然共生的环境。面对闸坝对水生生物的影响，水系连通工程是缓解其影响的重要措施，生态环境部、农业农村部、水利部联合印发的《重点流域水生生物多样性保护方案》指出，要科学实施江河湖泊水系连通工程，实现江河湖泊水系循环畅通，维护河湖生态健康；开展水生生物洄游通道修复，改善各闸坝之间的连通性；优化淮河流域现有水工程调度运行方式，改善河道连通状况和水生生物生境。

第四章
保护策略

◎ 第一节 保护对象和范围

我们生活的地球有多姿多彩的自然生态系统，以及数以千万计的生物物种。在人类社会发展的过程中，世界的每一个角落都或多或少地受到了人为活动的影响。从事生物多样性保护工作的机构、组织或个人都需要首先明确：应该如何确定生物保护对象？选择在哪些地方开展工作？

1. 确定保护的区域和物种

由于资金和技术的局限，在开展生物多样性保护时，不可能把所有受到人为活动影响的区域和物种都纳入保护范围。在这样的情况下，需要在开展保护活动前制定合理的保护规划，将有限的资源集中起来，以取得最大的保护成效。

在一个大区域中，往往会有成百上千的物种、群落和生态系统需要特别保护。如果在保护规划中对所有目标不加识别和筛选，无差别地进行保护，不仅代价高昂而且浪费时间。在实际的保护工作中，往往采用的方法是选择一定数量的物种、群落或是生态系统进行保护，这样既可以对目标区域进行恰当的保护，也节约了保护的成本。

要使所选的目标能够代表整个生态系统，首先要挑选出区域内各个生态系统中的代表物种，只有保护这些在生态系统和群落中的大量存在的普通物种，才能维持生态系统的稳定。此外，还要对需要特别关注的物种提供必要保护。在淡水生态系统中，这类生物往往包括鱼类、软体动物、两栖动物、水生植物和部分昆虫。这类生物一般具有以下特征：稀有或濒危物种、数量正在减少或是需要特别关注的物种、地方特有物种。通过上述标准挑选出的保护物种可以代表该地区丰富的物种、群落和生态结构，保护它们可以最大化地维护当地生态系统的稳定。

知识拓展

《中国物种红色名录》

中国是世界上生物多样性最丰富的国家之一，分布有多种濒危珍稀动植物。为更有效地保护那些有可能消失的物种，需要对所有物种的生存状况进行全面准确的评估，找出有多少物种的生存受到威胁，也就是有多少濒危物种。此类工作在国际上已经有半个世纪的历史，濒危物种红色名录最早于1963年开始编制，是反映物种灭绝风险的权威资料。已发布的《中国物种红色名录》对现阶段中国物种的濒危状况划分等级，具体等级为：绝灭、野外绝灭、地区绝灭、极危、濒危、易危、近危、无危。《中国物种红色名录》展示了对所有哺乳类、鸟类、两栖爬行类和部分鱼类，以及部分昆虫、软体动物等无脊椎动物和维管束植物等的评估结果。《中国物种红色名录》的研究和编制对了解中国生物多样性的状况十分重要，也为制定保护生物多样性的政策和行动提供了科学依据。

▲《中国物种红色名录》

2. 选择开展工作的地点

为了保护生物多样性，减缓物种灭绝和生物多样性丧失的速率，人们经常选择把敏感区域划分到保护区，而这也成为了公认相对有效的方式。那么，保护区究竟应该建在哪里？建多少？才能有效地保护生物多样性和生态系统呢？

如果希望最大化地阻止物种灭绝，应该根据要保护的目标物种选择适宜的保护区域，或者选择物种集中却缺少有效保护的地区，而不只是一味追求更大的面积，却忽略了保护地位置的重要性。中国幅员辽阔，如此广阔的土地上应该重点保护哪些区域呢？在《中国生物多样性保护战略与行动计划（2011—2030年）》中对中国的优先保护区域作了详细说明。其中的优先保护区域包括以下几类：①沿江、沿海的沼泽湿地及珍稀候鸟迁徙地繁殖地。②生物多样性丰富的河流湖泊，尤其是中华鲟、长江豚类等珍稀濒危物种的活动区域。③江河源头和高原湖泊等高原湿地生态系统。④沿海红树林。

▲ 鸭绿江口湿地

◎ 第二节 保护方式要“对症下药”

每一种生物都无法脱离生态系统而独立生活，其所依赖的生态系统不仅包括身处其中的物理环境，也包括生活在其中的其他生物。在明确了水生生物的保护优先顺序之后，仍然需要维持该地区生态系统的完整性，包括生物结构和生物组成的自然模式以及在空间和时间上形成这些模式的生物过程和环境状况。

1. 以特定保护对象为重点

在确定了保护对象后，保护区的工作重心一般会放在一定数量的保护对象上。这样保护工作更具针对性，也有助于采取一些具体的评估手段，来判断保护工作是否已经达到目的。同时，可以根据具体对象所面临的威胁，制定在整个区域内采取的具体行动或策略。如果保护对象选取合适的话，不仅可以保护对象自身，还可以保护整个地区的水生生物多样性。中国目前已建立的以水生生物为保护对象的部分自然保护区名录见下表。

序号	自然保护区	所在省（自治区、直辖市）	保护对象
1	鸭绿江上游保护区	吉林	珍稀冷水性鱼类及其生境
2	长江天鹅洲白鱀豚保护区	湖北	白鱀豚、江豚及其生境
3	长江新螺段白鱀豚保护区	湖北	白鱀豚、江豚、中华鲟及其生境
4	张家界大鲵保护区	湖南	大鲵及其栖息生境
5	长江上游珍稀、特有鱼类保护区	四川、重庆、贵州、云南	珍稀鱼类及河流生态系统
6	陇县秦岭细鳞鲑保护区	陕西	细鳞鲑及其生境
7	铜陵淡水豚保护区	安徽	白鱀豚、江豚等珍稀水生生物
8	安徽扬子鳄保护区	安徽	扬子鳄及其生境
9	珠江口中华白海豚保护区	广东	中华白海豚及其生境
10	合浦儒艮自然保护区	广西	儒艮及其栖息环境

▲ 以水生生物为保护对象的部分国家级自然保护区

2. 保护过程中需要关注的要素

在保护一个物种时，需要尽可能维持其生物组成及所在生态系统的各项过程。具体来说，淡水保护对象能否得到有效保护，主要与以下因素有关：①独特的水文状况；②独特的水化学性质；③独特的生境条件及其动态格局；④独特的连通性要求；保障以上四个要素，就可以使保护区的对象得到保护。

3. 确定可接受的变化幅度

保护淡水生物多样性，必须保护形成这种多样性的生态格局和生态过程。物种通过进化，已经适应了在这个系统内的变化幅度和变化过程，如果因素的变化幅度和变化过程被破坏，一些原来生活在其中的物种就会减少或消失。物种之所以出现在某一淡水生态系统中，只不过是在那里找到了适宜的生境条件，足以维持它们生存而已。保护者要做的就是通过科学的方法确定“住客”的生活需求。

知识拓展

鱼类对生境的需求

鱼类栖息地经历着水流年内和年际的动态变化，而鱼类通过进化适应了栖息地的水流的自然涨落过程，并依靠这种变化生存了下来。自然界中大部分鱼类产卵均需要一定的环境条件，水质、流速、水深是决定鱼卵孵化的关键。卵的特性决定了所需要的产卵场的环境，进而决定了鱼类生活史的开端。对产卵场要求不高的鱼类，当环境变化时，受到的影响不大，越是对产卵场要求高的鱼类，越容易受到环境变化的影响。很多鱼类濒危都是因为这个原因。

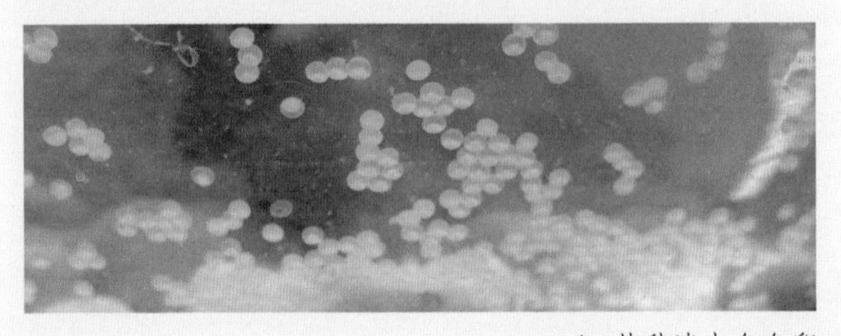

▲ 某种淡水鱼鱼卵

◎ 第三节 常用的保护方法

1. 增殖放流

▲ 长江三峡中华鲟放流现场

增殖放流是指通过人工方式向江河、湖泊和水库等公共水域投放鱼、虾和蟹等水生生物亲体和苗种的活动。通过增殖放流，可有效增加天然水生生物资源量、提高水域生产力、改善生物群落结构，是各国在水生生物保护实践中普遍采用的做法。

按照《水生生物增殖放流管理规定》的要求，增殖放流的苗种和亲本应当是本地原生种。其中投放较多的有常见的四大家鱼，还有鲤鱼、鲫鱼、黄颡鱼，等等。投放这些种类的生物个体可有效补充当地渔业资源，维护当地水体的生态平衡。而在珍稀濒危物种的产卵和繁殖水域，科研部门出于保护的目的，在人工驯养繁育后将中华鲟、胭脂鱼、松江鲈等珍稀鱼类亲本放归和幼鱼规模化放流，补充野生鱼类资源，推动实现野生鱼类种群重建和恢复。

需要注意的是，并不是任意种类的水生生物都可以随意放入天然水体中。放对了能实现预期的目标，放错了则会适得其反，造成危害。这些“放错”的水生动物极有可能在被放流进入野外后，影响区域内其他生物的自然生长和繁殖，甚至对本地物种带来毁灭性的破坏。原本出于善意的举动，如果不注意反而可能破坏自然环境和生态平衡。

小贴士

罗非鱼的入侵

罗非鱼也叫非洲鲫鱼，原产于非洲尼罗河流域，具有生长快、繁殖快、食性杂、适应性强等特点，引入中国后已经在珠江形成了自然种群，繁衍后代，占据了珠江全流域，现在珠江产量最高的是罗非鱼而不是本地原有物种。罗非鱼的入侵极大地影响了珠江土著鱼类的生存空间。

小贴士

中国的禁渔期制度

中国自1995年起在黄海、东海两大海区，1999年起在南海施行2～3个月的禁渔期，从2003年起实行长江禁渔期制度，2011年开始在珠江流域实施统一禁渔期制度。禁渔期的时间依据水生资源的生长、繁殖季节习性等因素而设定，避开其繁殖、幼苗生长时间，让河流湖泊生态系统休养生息。

2021年，长江开始了“十年禁渔”，期间在长江干流和重要支流除水生生物自然保护区和水产种质资源保护区以外的天然水域，禁止天然渔业资源的生产性捕捞。

2. 禁止非法捕捞

中国在夏商时代就有“夏三月，川泽不入网罟，以成鱼鳖之长”的规定，周代约定“川泽非时不入网罟，以成鱼鳖之长”，后面各朝代都作了类似的规定。为什么要实行禁渔期制度呢？幼鱼是可捕捞鱼类的补充来源，成熟后构成捕捞资源补充群体。幼鱼如果被持续大量捕捞，当地的渔业资源将持续萎缩。采取禁渔期这一保护措施，是以自然界提供的水生生物资源数量和生态系统的支持能力有限为依据的，目的是为了保证这些水产资源延绵不绝。

同时，为更好地保护渔业资源，尤其是保护珍稀濒危鱼类物种，还需要科学划定禁捕、限捕区域，率先在水生生物保护区实现全面禁捕。法律明确规定禁止使用炸鱼、毒鱼、电鱼等破坏渔业资源的方法进行捕捞，禁止制造、销售、使用禁用的渔具，禁止使用小于最小网目尺寸的网具进行捕捞。

3. 生态需水管理

生态流量的作用有很多，其中之一便是维护河道生态系统的稳定，这也是维持河道生态功能的必要条件。对于生活在河流中的水生生物来说，河流中有充足的、流动的水是必需的生存条件。

▲ 水库泄放“人造洪峰”模拟四大家鱼产卵环境

面对一些严重缺水的河流湿地，需要通过水利工程进行调度，实现人工补水。中国在这方面做了大量的努力，如水利部组织实施了黄河水资源统一调度和调水调沙，保证了黄河不断流，受损的水生态系统得以逐渐恢复。通过对扎龙、向海等湿地开展生态补水，使扎龙曾萎缩到不足 100 千米^2 的湿地恢复到 2000 千米^2，美丽的湿地重新焕发生机。引江补太调水工程也为太湖水环境综合治理和改善做出了重要贡献。

4. 生境恢复

在水生生境破坏严重的水域，生境恢复是保护水生生物多样性的重要手段。简单来讲，**河流生态修复**就是对河流形态结构和生态功能的恢复或重建。这是一项复杂的系统工程，主要包括河流连通性恢复、局部生境修复、鱼类产卵场营造、生态调度和生物群落重建等方面。

恢复河流连通性时，恢复的范围需要经过多方面论证确定，既要考虑整体和局部的关系，又要兼顾经济性和生态效果，甚至还要考虑不同层次的利益关系。

局部生境修复和鱼类产卵场营造，主要是为了创造适宜的栖息地环境，使水生生物得以繁衍生息，具体包括岸坡再造、洲滩修复，等等。修复后的栖息地模拟天然环境，可为水生生物提供更加适宜的生活环境。

> **小贴士**
>
> **三峡大坝与“人造洪峰”**
>
> 长江是中国四大家鱼的主要天然原产地，但三峡水利枢纽建成后，水坝中的四大家鱼幼鱼数量明显减少。这是因为四大家鱼的产卵活动不仅需要江水涨落等自然环境条件的刺激，产出的卵还需要一定流速的水流才能孵化并发育成幼鱼，所以三峡水利枢纽针对鱼类产卵期塑造“人造洪峰”，在鱼类产卵期释放一定的水量来保持中下游江段持续的涨水过程，保障坝下鱼类顺利完成产卵与孵化过程。

▲ 河流生态修复前后对比图

第五章 保护行动

◎ 第一节 古代水生生物保护

为什么要保护水生生物？因为水生生物多样性的维护是人类生存的基础，具有重要的价值，包括直接价值、间接价值和潜在价值。其中，直接价值在于为人类提供了粮食、油料、蔬菜、水果、肉、奶、蛋以及药材等等。间接价值在于生物多样性的维持能够在自然界的物质循环、环境净化、土壤改良、水源涵养及气候调节等多方面发挥作用。同时，人类所认识和利用的是水生生物中的极小一部分，大量的水生生物的使用价值目前还不清楚，它们具有巨大的潜在使用价值，这些潜在价值会在未来极大地促进社会的进步，比如弹涂鱼，它可以在水中生存也可以在岸上生存，如果研究清楚弹涂鱼的生存机制，并且成功应用到人的身上，那么将对扩大人类社会的栖息地有重要价值。科学家正在努力开展水生生物潜在价值的研究，也许在不久的将来，你也会参与其中。

举一个例子解释保护物种对整个生物圈的作用。美国黄石国家公园因鹿的过量繁殖使植被受损严重，后来引进了狼，狼吃了在草丛中的小鹿，使得该地的植物得以再生繁殖。植物的健康生长一方面为数百种生物，包括昆虫、哺乳动物、鸟类、猛禽、两栖动物和鱼类提供了食物和避难所；另一方面，植物的健康生长使得土壤得到改善，防止水土流失、抵御洪水侵袭，在这当中恶意破坏任何一个环节都可能出现问题。

▲ 美国黄石国家公园狼的存在对区域生态平衡起到了重要作用

中国有五千多年的历史，过去的人们很早就意识到保护水生生物的重要性并且付诸了行动。中国的文化本质是大河文化，黄河和长江更被中华儿女称为母亲河，渔业作为狩猎业的一部分，早已出现在了华夏大地，大量的水生生物见证着这片大地的兴衰。在原始社会中，人类就开始利用水生生物资源，主要是捕捉鱼类作为食物。这一时期，聪明的人类用石块、鱼骨制作成捕鱼工具，但当时生产力相对低下对水生生物的生存威胁较小，也未进行水生生物保护。

▲ 原始社会的捕鱼工具

随着生产力的提高，人类对资源的掠夺引发了水生生态危机，人类开始意识到不能滥用水生生物资源。因此，中国进入了水生生物保护的萌芽时期。早在奴隶制社会的夏商时期（公元前2100—前1046年）就提出要保护小树，禁捕鸟、兽、虫、鱼。据《逸周书·大聚篇》记载“春三月，山林不登斧，以成草木之长。夏三月，川泽不入网罟，以成鱼鳖之长。”说的是阳春三月，不要去拿斧头进山林砍伐，让草木自然生长，夏天的三个月，不要拿网具到江河、湖泊中捕捞，让鱼鳖好好生长。这是世界上第一部生物保护法，比欧洲早了2600多年，而这一个朴素的自然保护主义思想——封山禁渔，一直被相关生态环境保护部门沿用至今，可见古人的智慧是无穷的。

中国古代人民在保护水生生物的过程中，不仅出台了相关律法，还设立了相关的管理部门严格监督法律的实施。“虞部”“虞衡”都是从事这一管理的部门，而该部门的官员则称为“虞师”“虞侯”，管水的叫“川衡”。中国古代王朝中对于水生生物保护的管理十分严格，春秋时左丘明撰写的《国风·鲁语》就有这样一段描述："宣公夏滥于泗渊，里革断其罟而弃之。"记录了鲁宣公在夏天泗水的深潭中下网捕鱼，鲁国大夫里革割破了他的渔网丢在一旁的故事。可见，那时的严格管理是不分等级的。两汉期间完成的《周礼·地官》中也有类似描述："川衡掌巡川泽之禁令而平其守。以时舍其守，犯禁者，执而诛罚之。"意思是川衡掌管巡视川泽，执行有关的禁令，合理安排守护川泽的民众，按时安置守护人，有违犯禁令的就抓捕而加以惩罚。正是因为先人对天然资源保护的重视，才有了如今中国的大好河山。

在中国保护水生生物的历史长河中，宗教同样也扮演了举足轻重的角色。佛教由印度传入中国，并迅速在中国本土化。佛教中提倡的"五戒"（一不杀生，二不偷盗，三不邪淫，四不妄语，五不饮酒）中为首的就是不杀生，对中国的水生生物保护起到了积极作用。但是，需要注意的是，佛教的放生活动应该考虑生态系统的平衡，不可随意放生，否则会给水生生态系统带来新的灾难。

◎ 第二节 现代水生生物保护

面对越来越严峻的水生生物下降趋势，中国政府和人民已经意识到保护水生生物的重要性并开始采取积极的行动。从20世纪80年代开始，中国就在逐步完善水生生物保护体制，在保护水生生物多样性方面，以就地保护工作为主，有效地缓解了中国生态破坏加剧的趋势。

一、组织机构

随着生产力的持续增加，人类社会的迅速发展，过去几百年中人类活动导致水生生物多样性快速下降，水生生物的保护达到了前所未有的紧迫地步。人类不应该孤独地生活在这个地球上，如果世界上现存最大的两栖动物大鲵、“微笑天使”长江江豚、“水中大熊猫”中华鲟、妈祖象征中华白海豚等这些在历史上占据浓墨重彩地位的水生生物不复存在，如果子孙后代只能在纪录片里看到这些水生生物，那将是多么悲哀的事情。为了避免这个悲剧的发生，全世界都在采取行动保护水生生物。联合国是保护水生生物的重要国际组织之一。1992年，在联合国的倡导下制定了第一个全球综合性保护生物资源公约——《生物多样性公约》。截至2004年年底，共有188个国家加入了这一公约，中国在1992年就签署了这一公约，是最早的签约国之一。

中国保护生物多样性的组织主要分为政府部门、非政府组织和科研机构。政府部门包括农业农村部

小贴士

《生物多样性公约》的三大目标

(1)保护生物多样性。

(2)生物多样性组成成分的可持续利用。

(3)以公平合理的方式共享遗传资源的商业利益和其他形式的利用。

渔业渔政管理局、生态环境部自然生态保护司、水利部农村水利水电司、国家林草局野生动植物保护司、长江流域生态环境监督管理局、长江水利委员会、长江航道局等等。非政府组织包括中国水生野生动物保护分会、湖北长江生态保护基金会、自然之友、中华环保基金会、中国野生动物保护协会等等。科研机构包括中国科学院水生生物研究所、中国水产科学研究院长江水产研究所、中国水利水电科学研究院等单位。这些部门各自发挥作用，保护着水生生物的健康。如果想知道更多的生物多样性保护知识，也可以访问中国生物多样性保护国家委员会的官方网站（http://cncbc.mee.gov.cn/kpzs/），这也是中国第一个明确以生物多样性保护为主体的政府官方网站。

二、法规制度保障

新中国成立后，制定了许多水生生物多样性保护方面的法律法规。其中，1982年试行的《中华人民共和国宪法》明确指出"国家保障自然资源的合理利用，保护珍贵的动物和植物。禁止任何组织或者个人用任何手段侵占或者破坏自然资源。"因此，保护珍贵的水生生物是宪法规定的每个中国公民应尽的义务。《中华人民共和国环境保护法》《中华人民共和国森林法》《中华人民共和国森林保护法》的国家法规都涉及保护水生生物、建立自然保护区的内容，可见保护水生生物资源中的国家智慧。其中，1986年颁布实施的《中国人民共和国渔业法》更是明确提出要对白鱀豚等珍贵、濒危的水生野生动物实行重点保护。

虽然制定了明确的法律保护水生生物，但是像白鱀豚、白鲟这类濒危物种还是相继出现在了功能性灭绝的名单上，这是因为法律条款的两个缺点导致了这个悲剧：其一是法律具有滞后性，当法律规定要保护一个物种的时候，这个物种本身已经处于濒危状况，有时候就会来不及阻止这个物种灭绝的趋势；其二是法律条款由于篇幅的限制，不可能明确保护水生生物的具体措施，难以具体指导物种保护。部门规章和报告是对法律条款的补充和具体执行，极好地辅助了法律条款的实施。

▲ 1999 年我国发布的《中国生物多样性国情研究报告》

为了保护水生生物，科学家们积极献计献策，辅助制定了部门规章和政府工作报告等，为新时代的水生生物多样性保护保驾护航。中国在 1992 年签订了联合国《生物多样性公约》，提交了 6 次工作报告，系统评估了中国生物多样性的现状、生物多样性保护中遇到的问题，以及为应对生物多样性危机中国所实施的举措。联合国高度赞扬了中国政府在生物多样性保护中的领导作用。需要指出的是，生物多样性保护是一个很难的科学问题，而中国政府对这个问题的认知也是在探索中不断推进的。1997 年 11 月，从保护濒危物种栖息生存的角度出发，中国发布了《中国自然保护区发展规划纲要（1996—2010）》。为更深入了解中国的生物物种生存状况，制定更加科学的保护措施，1999 年 3 月发布了《中国生物多样性国情研究报告》，1999 年 12 月发布了《中国生态问题报告》。在科学调研的基础上，2001 年 12 月，《全国野生动植物保护和自然保护区建设工程总体规划》发布。新形势下，入侵物种成为本土生物生存的重要威胁之一，为应对这一问题，

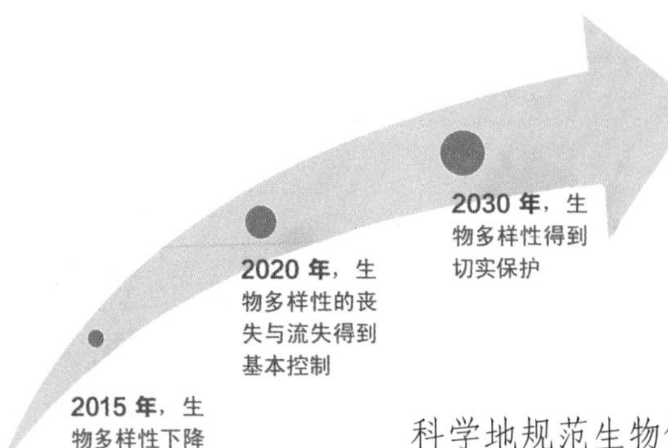

▲ 中国水生生物多样性保护的三个阶段性目标

2003 年 1 月，中国发布《中国第一批外来入侵物种名单》。生态环境是生物赖以生存的基础，在生态环境保护方面，2007 年 7 月，中国实施了《全国生态功能区划纲要》。为更科学地规范生物保护和利用，2007 年 10 月中国实施了《全国生物物种资源保护与利用规划纲要》。

为了更好地保护中国的生物多样性，1994 年 6 月，国务院发布了《中国生物多样性保护行动计划》，拉开了中国生物多样性保护从“抢救型”向“持续型转变”的帷幕。2010 年，面对生物多样性保护面临的新问题、新挑战，中国 20 多个部委联合编制了《中国生物多样性保护战略与行动计划（2011—2030 年）》，揭开了中国新世纪生物多样性保护的新篇章，该计划确定了中国生物多样性保护的三个阶段目标：到 2015 年，生物多样性下降的趋势得到有效遏制；到 2020 年，生物多样性的丧失与流失得到基本控制；到 2030 年，生物多样性得到切实保护。

中国政府为保护水生生物实施了大量具体措施。在 2011—2015 年期间，《国民经济和社会发展“十二五”规划》专门将“促进生态保护和修复”作为一章，将生物保护和国家经济直接联系在一起，这也是摒弃了国外“先污染后治理”理念之后开创的中国特色社会主义经济发展道路，而这一举措获得了全世界的称赞。“十四五”规划和 2035 年远景目标纲要明确提出，我国将构筑生物多样性保护网络，加强国家重点保护和珍稀濒危野生动植物及其栖息地的保护修复，守住自然生态的安全边界，促进自然生态系统质量整体改善。

为更加高效地开展生物多样性保护，1993年，中国成立履行《生物多样性公约》工作协调组，参与国际生物多样性保护事宜。在物种保护层面，2003年，中国成立了生物种质资源保护部际联席会议制度，定期举行会议探讨种质资源保护问题，共有16个部门参与其中。2011年6月，中国成立了一个由25个部门组成的国际生物多样性国家委员会，负责生物多样性保护相关工作的实施。不断完善的制度，让中国的水生态系统自1997年之后持续改善。2019年，美国航天局NASA研究发现，全球绿化面积“逆势上涨”，增加了5%，相当于多出了一个亚马孙热带雨林的面积，主要归功于中国和印度的作用。

相信在不久的将来，中国会很快达到环境库兹涅茨曲线从污染到治理的拐点，真正实现“绿水青山就是金山银山”，水生生物和人类和谐相处。

三、科技保障

水生生物生长习性研究、栖息地状况调查、保护政策制定都需要科学家参与。每一年都有许多科学家走遍中国的大江南北，调查中国水生生物的本底状况。刘建康院士在1944年首次发现黄鳝存在性反转现象，中小个体的黄鳝主要是雌性，而较大个体的则为雄性，雄鳝都是由雌鳝产卵后通过转变而来，这个转变不可逆转，这一发现为世界上的科学家研究低等无脊椎生物的性别分化打开了新世界的大门。倪达书在1975年创新性地实现了稻田养鱼，将鱼、稻的产量提高了近10%。1996年，中国进行了第一次全国重点保护野生植物资源调查，确定了中国野生植物资源的分布特点。2006 年，中国进行了第一次生态环境现状调查，摸清了中国水生生物的生存环境。众多的科学家的辛勤工作，是“绿水青山就是金山银山”早日实现的强力保障。

四、水生生物保护日

2010 年被联合国定为生物多样性年，每年的 5 月 22 日为国际生物多样性日，中国每年都会举办多种多样、内容丰富的生物多样性日纪念活动，宣传国内生物多样性保护成果，提高公众生物多样性保护意识。各级政府以及许多企事业单位都高度重视生物多样性的保护，每年投入大量的资金支持科学家的科研任务，帮助公益单位进行公益宣传，科普水生生物保护知识。很多重要的水生生物都有自己的纪念日，2018 年 5 月 8 日，由于中华白海豚素有妈祖象征之称，中华白海豚保护联盟将妈祖诞生日农历 3 月 23 日作为中华白海豚保护宣传日。2010 年，亚洲淡水鲸类保护论坛确定 10 月 24 日为国际淡水豚日。2019 年 10 月 24 日，扬州举办了“长江江豚日”活动，活动中确定了这一天为长江江豚保护日，并发布了专属于长江江豚的扬州宣言——保护长江江豚，守护生命长江。

▲ “第二届长江江豚保护日”宣传活动在南京江心洲举办

◎ 第三节 水生生物保护案例

案例一：千岛湖之美，美于有鱼。

南朝人沈约曾以诗句“洞澈随清浅，皎镜无冬春。千仞写乔树，百丈见游鳞”来形容千岛湖的湖水清澈。在1998—1999年间，千岛湖水华暴发，涌现了大量蓝藻，直接影响了千岛湖的水质，引发了千岛湖水生生物保护危机。

2000年，浙江省杭州市淳安县政府开始整顿渔业、养殖业，首先通过缩减网箱养殖面积、推广尾水设施、开展稻鱼共生、稻鳖轮作等方式降低鱼类养殖过程中对水质的影响。其次，考虑到千岛湖蓝藻暴发，而鲢鱼和鳙鱼主要生存在水体上层，以

▲ 千岛湖之美

藻类和有机物质为食，在淳安县政府的组织下，陆续向千岛湖投放了鲢鱼、鳙鱼等洁净水质的鱼种，同时也适当投放了黄尾密鲴、细鳞斜颌鲴、花鱼骨等优质土著鱼苗，通过这种增殖放流方式，为改善水质锦上添花。再次，加大执法力度，禁止在禁渔期捕鱼，保护幼鱼，打造人工鱼巢，为产黏性卵的鱼类提供繁育场所。据统计，人工鱼巢的投放可为千岛湖增加近5000万尾土著幼鱼。最后，开发渔业旅游，以经济发展促进水生生物保护，打造千岛湖绿色发展道路，创建了“人在湖中游，鱼在街上走”“渔乡古韵，美丽渔村”等一系列特色旅游项目，在增加本地居民收入的同时，普及了鱼类保护知识，真正做到人水和谐。

好水养好鱼，好鱼养好水。在素有“天下第一秀水”之称的千岛湖真正实现了，利用生物技术治理水质问题，再利用良好的水质哺育优质的鱼类，千岛湖“保水渔业”的理念，已被复制到江西阳明湖、湖北富水湖的治理之中。

案例二：三峡大坝的中国智慧

众所周知，三峡水电站是世界上最大的水电站，流量最高可达10万米^3/秒。面对如此大的流量，水里面还有鱼存活吗？鱼是如何生存的？来看看中国的科学家如何解决这个问题。

作为中国第一大河，长江历史上拥有400多种鱼，不同的鱼类对水环境有不同的需求，考虑到长江鱼类的珍稀和特有性，三峡工程建设过程中，就建立了中华鲟自然保护中心、珍稀特有鱼类驯养中心，定期放流珍稀和经济鱼类，以中华鲟为例，三峡工程建立了完善的中华鲟人工种群梯队，开启了包括亲鱼培育、催产繁殖，梯队建设等全生命周期保护研究，突破了子二代中华鲟全人工繁殖技术，截至2021年，累计放流中华鲟500余万尾，为补充中华鲟种质资源、实现中华鲟可持续繁衍发挥了重要作用。科学家还在三峡大坝进行了生态调度试验，从四大家鱼生长繁殖角度，确定了河流生态流量，保证四大家鱼的自然繁殖，实现四大家鱼产卵量从2011年的0.25亿颗增加到2019年的30亿颗。

▲ 2021年长江三峡中华鲟增殖放流活动

号召：每个人都是水生生物的保护者

地球上70%都是水，在人类还没有出现的时候就已经有水生生物了，人类绝不能够让这些地球上最早的一批住客消失，保护水生生物不仅是在保护人类的食物，同时还在保护地球的古老文明。每个人都应该是水生生物的保护者，我们要从以下几个方面积极行动起来。

（1）节约用水，人人有责。水是水生生物赖以生存的基础，地球上只有3%的淡水资源，淡水资源的减少，导致湿地萎缩，森林资源急剧减少，江河枯竭，无数的水生生物无家可依。人类浪费的每一滴水都有可能挽救水生生物的生命。

（2）从我做起，保护水质。在日常生活中洗衣服适量使用肥皂，不用合成洗涤剂，不用含磷洗衣粉，不在河湖周围乱丢垃圾，都能有效改善水质，还水生生物一个干净健康的环境。

（3）植树造林，造福后代。生态系统是一个整体，树木对于水土保持、涵养水源具有重要作用，树木种植能够从侧面起到保护水质的作用，同时，河岸带的树木还能为水生生物提供重要的栖息地，所以保护树木也是在保护水生生物。

（4）充分发挥监督作用。在禁渔期或者禁止垂钓河段钓鱼、捕鱼，砍伐河岸带树木，在河边乱扔垃圾等这些行为都会威胁水生生物生存。如果在河边看到有人或组织进行动物放生活动，请一定上前问询一下放生活动是否获得有关部门许可，因为胡乱的放生可能会带来本地河流没有的水生生物，引发物种入侵问题，造成本土水生生物生存空间被挤占甚至大量死亡。

（5）积极参与水生生物保护活动。水生生物作为人类最好的朋友，有很多重要的纪念日，每年都会有水生生物保护相关的宣传活动，积极参与这些活动并且学习相关的水生生物保护知识，号召大众关注水生生物多样性的保护。

▲ 每个人都行动起来，守护绿水青山，保护水生生物

参考文献

[1] CC,TP,XW,SP,BX,RKC,et al. China and India lead in greening of the world through land-use management [J]. Nature Sustainability, 2019, 2: 122-129.

[2] MA.Ecosystems and human well-being: biodiversity synthesis [J]. World Resources Institute, 2005.

[3] 陈鸿彝选注 . 古文观止新编 [M]. 杭州 : 浙江文艺出版社, 2007.

[4] 董崇智, 姜作发. 中国内陆冷水性鱼类渔业资源 [M]. 哈尔滨: 黑龙江科学技术出版社, 2008.

[5] 樊海虹 .“以鱼保水”, 成就千岛湖“天下第一秀水” [J]. 中国水产, 2018, 514(9): 25-6.

[6] 费梁, 胡淑琴, 叶昌媛, 等. 中国动物志 两栖纲 (上卷) [M]. 北京: 科学出版社, 2006.

[7] 广西壮族自治区水产畜牧局, 广西壮族自治区水产研究所 . 广西珍稀水生生物识别手册 [S]. 南宁: 广西人民出版社, 2007.

[8] 赫崇波, 高祥刚, 孙凡越, 等. 辽东湾斑海豹遗传多样性的 AFLP 分析 [J]. 生物技术通报, 2008, s1:347-351.

[9] 乐佩琦, 梁秩燊 . 中国古代鱼类资源的保护 [J]. 动物学杂志, 1995, (2): 42-45.

[10] 李欢腾 . 北仑又现植物界“活化石”中华水韭 [J]. 浙江林业, 2016, (1):30.

[11] 李思忠. 黄河鱼类志 [M]. 青岛: 中国海洋大学出版社, 2017.

[12] 南京日报 . 南京长江江豚科学考察启动 [EB/OL]. (2017-03-14) . http://jsnews.jschina.com.cn/sy/scroll/201704/t20170413_350273.shtml.

[13] 潘保柱, 王海军, 梁小民, 等 . 长江故道底栖动物群落特征及资源衰退原因分析 [J]. 湖泊科学, 2008, 20(6):806-813.

[14] 曲秋之, 孙大江, 许平 . 史氏鲟、达氏鳇的资源现状与研究进展 [J]. 水产学杂志, 1994, 7(2): 62-67.

[15] 生态环境部 农业农村部 水利部关于印发《重点流域水生生物

多样性保护方案》的通知．http://www.gov.cn/gongbao/content/2018/content_5327473.htm.

[16] 石琼，范明君，张勇．中国经济鱼类志[M].武汉：华中科技大学出版社，2015.

[17] 水利部．河湖健康评估技术导则：SL/T 793—2020[S]．北京：中国水利水电出版社，2020.

[18] 王所安，王志敏，李国良，等. 河北动物志 鱼类[M].石家庄：河北科学技术出版社，2001.

[19] 王幼槐，邓思明，朱文斌. 水中的保护动物大探秘 中国的珍稀保护鱼类[M]. 北京：海洋出版社，2017.

[20] 新华网．农业农村部：长江江豚减少 仅剩约1012头[EB/OL].(2018-07-25).http://www.xinhuanet.com/politics/2018-07/25/c_1123171998.htm.

[21] 杨大同．云南两栖爬行动物[M]. 昆明：云南科学技术出版社，2008.

[22] 殷梦光，曹宇，李灿．中国大鲵资源现状及保护对策[J].贵州农业科学，2014，(11):197-202.

[23] 中国科普博览．鱼中珍品中华鲟[EB/OL]. http://www.kepu.net.cn/vmuseum/ lives/fish/rare/200210230030.html.

[24] 中国科学院中国动物志编辑委员会．中国动物志[M].北京：科学出版社，1987.

[25] 中国科学院中国植物志编辑委员会．中国植物志[M]. 北京：科学出版社，1999.

[26] 中国网． 中华白海豚[EB/OL]. http://www.china.com.cn/guoqing/2012-03/14/content_24891419_4.htm.

[27] 周文君. 中华鲟的故事[M]：北京：中国林业出版社，2006.

[28] 林鹏程，王春伶，刘飞，等．水电开发背景下长江上游流域鱼类保护现状与规划[J]. 水生生物学报，2019，43(S01):14.

[29] 郑慈英 . 珠江鱼类志 [M]. 北京：科学出版社，1989.
[30] 宏兵，周启星 . 2013. 松花江流域生态演变与鱼类生态 [M]. 天津：南开大学出版社 .
[31] Richard J Neves,et al. 1997. Status of Aquatic Mollusks in the Southeastern United States: A Downward Spiral of Diversity. Aquatic Fauna in Peril: The Southeastern Perspective. Special Publication. J. Southeast Aquatic Research Institute, Lenz Design and Cimmunication, Decatur,44-85.
[32] Turgeon D D, et al. 1988. Common and Scientific Names of Aquatic Invertebrates from the United States and Canada: Mullusks. Second Eidition. The Veliger,42(2):211-215.
[33] 李思忠 . 黄河鱼类志 [M]. 青岛：中国海洋大学出版社，2017.
[34] Richard A. Roth. 世界生物群落：淡水生物群落 [M]. 钟铭玉，译 . 长春：长春出版社，2014.
[35] 湖北省水生生物研究所鱼类研究室 . 长江鱼类 [M]. 北京：科学出版社，1976.
[36] 江河，汪留全，管远亮，等 . 长江鲥鱼资源调查及濒危原因分析 [J]. 水生态学杂志，2009，30(4):140-142.
[37] 李红炳，徐德平 . 洞庭湖“四大家鱼”资源变化特征及原因分析 [J]. 当代水产，2008,33(6):34-36.
[38] 刘绍平，陈大庆，段辛斌，等 . 长江中上游四大家鱼资源监测与渔业管理 [J]. 长江流域资源与环境，2004，13(2):183-186.
[39] 段辛斌，刘绍平，黄木桂，等 . 三峡水库蓄水前后长江中游四大家鱼早期资源量研究 [C]. 三峡工程与长江水资源开发利用及保护国际研讨会，2008:107-116.
[40] 曹文宣 . 十年禁渔是长江大保护的重要举措 [J]. 水生生物学报，2004，46(1):1.

[41] 李原园,李宗礼,黄火键,等.河湖水系连通演变过程及驱动因子分析[J].资源科学,2014,36(6):1152-1156.

[42] CG,BL,MT,BG,et al. Mapping the world's free-flowing rivers[J]. Nature, 2019, 569(7755):215-221.

[43] 陈志刚,程琳,陈宇顺.水库生态调度现状与展望.人民长江[J].2020,51(1): 94-103.